中等职业学校服装设计与工艺专业规划教材

CorelDRAW 服装设计实例

王蓓丽　陈艳　编

机械工业出版社

本书主要阐述了如何利用 CorelDRAW X3 软件绘制服装设计图，使学生在学习绘制各种基础服装的同时，掌握 CorelDRAW X3 软件的使用方法，以及利用此软件绘制适合服装企业在设计、订货、生产过程中使用的设计图。全书分为基础篇、提高篇和实训篇，主要内容包括认识 CorelDRAW X3 软件、设计绘制超级流行铅笔裤、设计绘制青春时尚半身裙、设计绘制解决危机的衬衫、设计绘制时尚的职业装、设计绘制浪漫一身新娘装。

本书可作为中等职业学校服装设计与工艺专业的教材，也可供从事服装设计与工艺的技术人员参考。

图书在版编目（CIP）数据

CorelDRAW 服装设计实例/王蓓丽，陈艳编. —北京：机械工业出版社，2013.2（2024.9 重印）

中等职业学校服装设计与工艺专业规划教材

ISBN 978-7-111-41312-7

Ⅰ.①C… Ⅱ.①王…②陈… Ⅲ.①服装设计—计算机辅助设计—图形软件—中等专业学校—教材 Ⅳ.①TS941.26

中国版本图书馆 CIP 数据核字（2013）第 020015 号

机械工业出版社（北京市百万庄大街 22 号 邮政编码 100037）
策划编辑：朱 华 马 晋 责任编辑：朱 华 马 晋 及美玲
版式设计：陈 沛 责任校对：陈 越 陈立辉
责任印制：常天培
北京机工印刷厂有限公司印刷
2024 年 9 月第 1 版第 6 次印刷
184mm×260mm·9 印张·203 千字
标准书号：ISBN 978-7-111-41312-7
定价：25.00 元

凡购本书，如有缺页、倒页、脱页，由本社发行部调换
电话服务 网络服务
社 服 务 中 心：(010)88361066 教 材 网：http://www.cmpedu.com
销 售 一 部：(010)68326294 机工官网：http://www.cmpbook.com
销 售 二 部：(010)88379649 机工官博：http://weibo.com/cmp1952
读者购书热线：(010)88379203 **封面无防伪标均为盗版**

编审委员会

序

学好服装设计与工艺专业取决于多方面的因素，一是学习的兴趣，二是学习的资源，三是学习的策略，四是成就感，五是实践的机会。"兴趣是最好的老师"。有兴趣，我们才愿意付出时间、精力和代价，才能"为伊消得人憔悴"但却"无怨无悔"。有学习的资源，就是指有各种各样学习服装专业理论与技能的机会。有些资源可以直接通过网络、各类服装作品或媒体获得，还有一些则是经过专家或老师的选择和编排，并附有各种练习的训练材料。学习的策略，就是指要根据自己的学习目标，根据自己的现有能力、学习风格和学习条件，选择最适合自己的学习方法，培养自己的自主学习和终身学习的能力，最终成为一个成功的学习者。成就感，就是指经常有机会证明自己的学习效果或成就，尤其是通过自己所具备的专业知识与专业技能改善自己与他人的着装结构，提高自己的综合素质和能力。实践机会，就是指努力争取和获得服装行业各方面的实践机会。大家知道，学习服装专业，仅靠课堂上的输入，仅靠教材显然是不够的，大量的实践是必不可少的，以项目为实践依托，提供大量的实践机会，培养在"做"中求知，在"动"中感知，在"用"中增知，有利于学生掌握并实际应用，从而取得令人满意的效果。

我们编写本套教材的理论依据就是以上对成功学习服装设计与工艺专业所涉及的重要因素的理解和分析，以便形成"多赢"态势。项目教学法在国外已广泛用于职业教育，但我国目前还没有完全按照这种思路编写的服装设计类专业教材。本套教材以构思巧妙的教学内容和生动的画面，加上极富特色的任务、项目及教学评价，带给学生一种活泼、欢快的学习环境。针对中职学生的特点，通过从学生的就业入手，确定服装专业课的教学目标；从教学的目标入手，设计服装专业课的教学项目；从学生的发展入手，评价服装专业课的教学效果等方面的实践探索，使学生毕业后走向工作岗位能更快地适应市场，达到培养合格人才的目的。

然而编写这样一套系列教材绝非易事。在前期，我们广泛听取了服装行业企业管理者、中高等职业教育者和学生家长等各方面的意见，经过数十次研究讨论，决定按照以下原则对课程进行定位与设置：①突出项目教学法的特点，各教学活动围绕学生自己和周围的生活环境展开。②重在实用性人才的培养，打破常规的理论规范的学科体系。以实践教学为主线，提升学生的实际应用能力。③贯彻标准化要求，即教材在编写中严格按最新国家标准的要求，并与ISO（国际标准化组织）标准接轨。在每个项目后均有标准化考核要求，要求学生树立标准化意识，这也是培养21世纪技能人才的需要。

本套教材主要有以下特点：①在总体设计上，以就业为导向，项目分级编写，针对性强，可在学校与企业之间发挥桥梁纽带的作用。②在选择项目上，坚持"贴近实际、贴近生活、贴近学生"的原则，突出个性化特征，选择具有时代感、内容丰富的题材，在完成项目的同时，扩大学生知识面，培养跨界交流意识。③在难度把握上，突出"实用、够用"原则，兼顾能力的提高和兴趣及自信心的培养，为学生营造宽松的学习氛围。④在项目完成后的评价上，从学生的发展入手，突出灵活性、开放性及参与性，开阔视野、驰骋想象、学着创造，帮助学生为光明的未来作好心、智、技的准备，全面达到顺利就业的各项要求。

本套教材分主干教材（基础部分、项目部分）和选用教材。主干教材是本专业的必修课程；选用教材是为了给学生进一步学习和实践打下基础。各学校可以根据自身实际情况选用。

虽然我们的努力是艰辛的，我们的设计是尝试性的，但我们相信，项目教学法将在我国中等职业学校服装专业领域逐步显示它的生命力。希望使用本套教材学习服装专业的学生，能像在高速公路上行车一般，畅通无阻，迅速到达目的地！

前　言

本书主要学习利用 CorelDRAW X3 软件绘制服装设计图，通过学习绘制各种基础服装的方法，来掌握 CorelDRAW X3 软件的使用方法，以及利用此软件绘制适合服装企业在设计、订货、生产过程中使用的设计图。同时，在课程中体现流行元素的运用，使所设计的作品更贴合时代，满足市场的需求。

本书的特点是将学习内容设置为工作项目，随着工作项目的逐步完成，学生可以学会用计算机来绘制各式服装款式图。更重要的是，在绘制款式图的过程中，逐渐掌握了软件的使用方法。此种学习方法，充分做到了有目的地去学习，有目标地去应用，达到事半功倍的效果。

课程的基本要求：

1. 熟练掌握 CorelDRAW 软件各种工具的使用。

2. 熟练掌握服装款式图的计算机绘制方法。

3. 学习适合服装企业使用的服装工艺图。

4. 能体会流行时尚，并且能在设计中体现出流行趋势的特点。

本课程建议课堂教学时长 74 学时，实训课长 72 学时。

本书由王蓓丽、陈艳编写。由于编者水平有限，书中难免有不妥之处，恳请广大读者批评指正。

身边事

介绍一下本书的人物

艾依："啦啦"品牌公司的副总，25 岁

艾芙：某服装中等职业学校的三年级学生，17 岁，艾依的表妹

奇点：某传媒公司部门主管，曾做过兼职模特，27 岁，艾依的未婚夫

我们将跟随艾芙同学一起来学习这个设计软件，一起来成长，感受这个美丽活泼的中职女生在学习中的快乐和烦恼。最终，她将熟练运用这个软件，并且在设计中能够结合在校期间学习的服装设计、服装制版、服装缝制工艺、服装材料、服装生产管理等知识，实现了自己的梦想，为表姐艾依送上了最有意义的礼物。

目　录

序

前言

基础篇

提高篇

实训篇

基础篇

项目 1

认识 CorelDRAW 软件

　　CorelDRAW 软件是加拿大 Corel 公司推出的绘图软件。它融合了绘画与插图、文本操作、绘图编辑、桌面出版及版面设计、追踪、文件转换、高品质的输出于一体的矢量图绘图软件，并且在工业设计（包括服装设计）、产品包装造型设计、网页制作、建筑施工与效果图绘制等设计领域中得到了极为广泛的应用。尤其在排版制图，广告设计，印刷制版行业，报纸广告，名片、商标设计与制作中，体现出了无可比拟的优势。

　　我们在本教材中使用的是 CorelDRAW X3 版本，通过学习绘制服装款式图、工艺单，来掌握 CorelDRAW 软件的使用方法。

 开眼界

　　　　　　相关介绍：Corel——Corel Corporation

　　Corel 公司创建于 1985 年，目前是加拿大最大的软件公司，也是个人应用程序、绘图及桌面排版软件的第二大销售商。

　　它以其高质量的工具软件、PC 绘图及多媒体软件在全球的图形软件和商业应用软件领域，处于国际公认的领先地位。

　　尤令 Corel 公司引以为荣的 CorelDRAW 优秀绘图工具，以其 17 种以上语言版本风靡全球，并且获得了超过 215 项国际性的大奖。

一、启动与退出 CorelDRAW

1. 启动程序

　　双击桌面 图标，启动 CorelDRAW 软件，如图 1-1 所示。

2. 退出程序

　　单击 CorelDRAW 界面右上角的关闭按钮 ，此时如果文件没有保存过，程序会自动弹出对话框，根据需要选择是或否，如图 1-2 所示。此后软件则直接关闭。

图 1-1　桌面上的图标

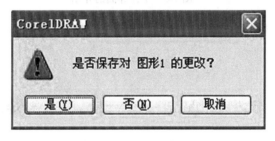

图 1-2　保存对话框

二、工作界面的介绍

CorelDRAW X3 工作界面如图 1-3 所示。

（1）标题栏：位于整个窗口的顶部。 CorelDRAW X3 - [图形1]表示现在打开的界面是 CorelDRAW X3 应用程序，文件名称是［图形 1］。右边是关闭、放大及缩小窗口等几个按钮。

（2）菜单栏：菜单栏如图 1-4 所示，包括文件、编辑、视图、版面、排列、效果、位图、文本、工具、窗口、帮助 11 个菜单。通过展开下拉菜单，可以找到绘图需要的大部分工具和命令。

（3）常用工具栏：工具栏如图 1-5 所示，包括新建、打开、保存、打印、剪切、复制、粘贴、撤销、重做、导入、导出、显示比例等工具。这些是我们经常用到的工具，单击这些按钮即可快速地执行相应的命令。

（4）工具属性栏：属性栏如图 1-6 所示，显示内容根据所选择的工具或对象的不同而改变。

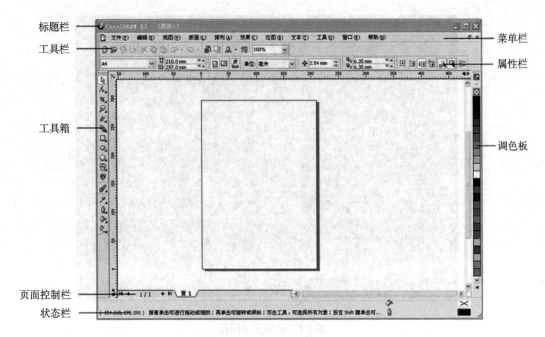

图 1-3　工作界面的介绍

图 1-4　菜单栏

图 1-5　常用工具栏

图 1-6　工具属性栏

（5）工具箱：工具箱位于窗口的左边，这里为了排版方便将其横向摆放，如图 1-7 所示。工具箱包含了一系列的常用的绘图、编辑工具。如果图标右下方带有黑色三角，表示此工具下还有该类工具的细化工具。

图 1-7　工具箱

（6）页面与页面控制栏：程序界面中间的白色区域是页面，它是进行绘图、编辑操作的主要工作区域，只有位于该矩形区域内的对象才能被打印出来。

页面控制栏位于工作区的左下角，显示当前页码、所包含的总页面数等信息如图 1-8所示。

图 1-8　页面控制栏

（7）状态栏：位于窗口的底部（见图 1-9），用来显示当前操作的简要帮助和所选对象的有关信息。

在手绘模式下绘图 于 图层 1
（124.278，-25.553）双击工具可打开手绘选项；按住<Ctrl>键单击可限制线条；按住<Shift>键并在线条上向后拖动可擦除

图 1-9　状态栏

（8）调色板：位于窗口的右侧，是放置各种色彩的区域。

（9）泊坞窗：是一个包括了各种操作按钮、列表与菜单的操作面板（见图 1-10）。

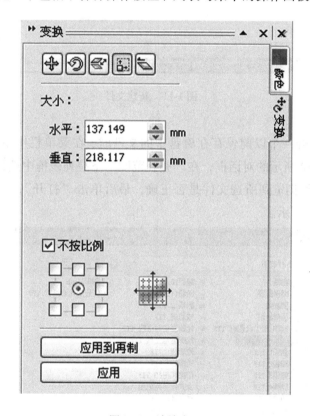

图 1-10　泊坞窗

三、文件的基本操作

1. 新建文件

在我们绘图之前，首先需要创建一个绘图页面，在菜单栏中单击"文件"→"新建"，也可以在标准工具栏中单击 按钮，即可新建一个空白文件，如图 1-11 所示。

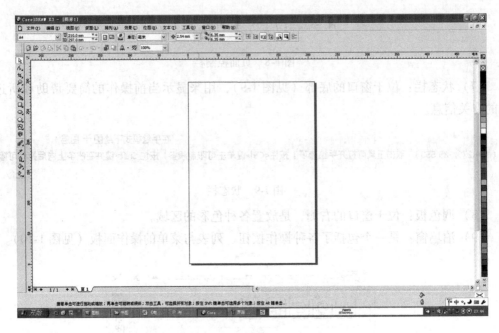

图 1-11　新建文件

2. 打开文件

当我们需要打开一个以前保存在磁盘中的文件时，在菜单栏中单击"文件"→"打开"，弹出如图 1-12 所示的对话框，在"查找范围"下拉列表框中选择所需文件，同时可选择"预览"，便可浏览到所选文件是否正确，最后单击"打开"，此时该文件打开在绘图页中，如图 1-13 所示。

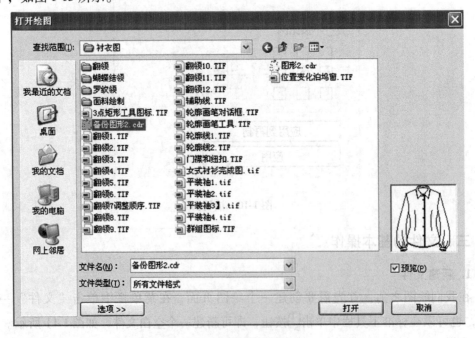

图 1-12　打开文件的对话框

图 1-13　打开的文件

3. 保存文件

当我们绘图完成之后，需要保存文件。单击标准工具栏中的"保存"  或在菜单栏中单击"文件"→"保存"，即会弹出保存绘图对话框，选择要存放的位置，在文件名文本框中输入所需的文件名，在保存类型列表框中选择所需的文件格式，最后单击"确定"保存。

4. 导入与导出文件

（1）导入文件。在 CorelDRAW 软件中有些图像格式不能直接打开，如 JPEG、TIFF 等格式，需要单击"文件"→"导入"，或者单击标准工具栏中的"导入按钮" ，即可以向软件中导入多种格式的文件以供编辑，如图 1-14 所示。

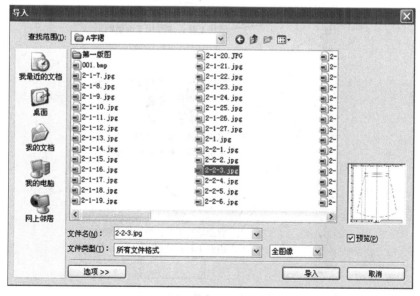

图 1-14　导入对话框

（2）导出文件。单击"文件"→"导出"，或单击标准工具栏中的 按钮，即可以将软件中创建的图形导出成多种文件格式以便使用，如图 1-15 所示。

图 1-15　导出对话框

四、工具箱介绍

利用工具箱中的工具可以绘制出各种各样的图形，画出我们想要的画面效果。在这里，我们把常用工具作一个简单介绍，如图 1-16 和图 1-17 所示。

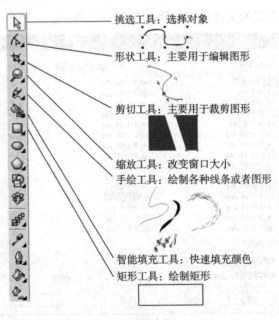

挑选工具：选择对象

形状工具：主要用于编辑图形

剪切工具：主要用于裁剪图形

缩放工具：改变窗口大小

手绘工具：绘制各种线条或者图形

智能填充工具：快速填充颜色

矩形工具：绘制矩形

图 1-16　工具箱介绍（一）

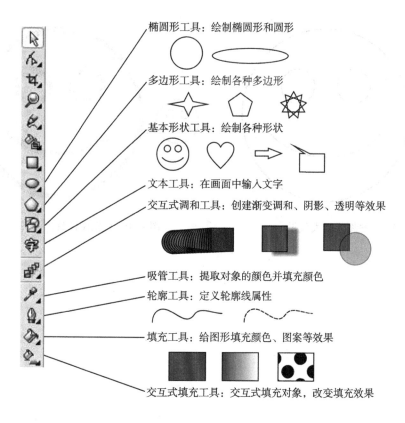

图 1-17   工具箱介绍（二）

注意：当我们选择工具箱中的某个工具时，属性栏会出现相应更具体的绘图设置。如使用"手绘工具" 绘图时，属性栏会显示出手绘工具更详细的功能选项，如图 1-18 所示。

图 1-18   手绘工具功能设置

五、CorelDRAW 图像类型

在 CorelDRAW 中图像类型可分为矢量图像和位图图像两种。

矢量图像，也称为面向对象的图像或绘图图像，在数学上定义为一系列由线连接的点。矢量图像文件中的图形元素称为对象。每个对象都是一个自成一体的实体，它具有颜色、形状、轮廓、大小和屏幕位置等属性。矢量图像与分辨率无关，无论如何更改图形的大小都不影响图像的清晰度和质量，如图 1-19 所示。

位图图像是计算机屏幕上由网格像素或点组成的图像。位图图像与分辨率有关。如放大位图图像，那么所显示的图形就显得不太清晰，如图 1-20 所示。

图 1-19　矢量图像放大效果　　　　　　　　　图 1-20　位图图像放大效果

设计绘制超级流行铅笔裤

铅笔裤是这几年非常流行的裤型，很受年轻人的喜欢，"啦啦"品牌自然也不会缺少这样的裤型。这次，艾芙要在这种裤型上大展拳脚了，她要为自己亲手设计一条超流行的铅笔裤，来搭配那双新买的小短靴。

任务1　对当季女裤的流行趋势进行调查与研究

任务目标　在教师的指导下，学习、收集、整理当季女裤的流行趋势信息，并分析当季流行的设计元素有哪些。

分析裤子的设计手法，并有针对性地对其流行趋势进行调查与研究。

·小辞典·

对服装流行趋势进行调查研究的途径

1. 亲自考察市场，进行市场调查，配合当季流行趋势以及大众的审美进行分析，掌握流行动态，这就需要参考和配合最新国际趋势，观察体会款式、色彩、造型等。

2. 查阅行业资料和专业报刊杂志，从中了解最新的流行资讯；参观行业展览会和新产品发布会，参加行业协会活动。

3. 与行业专家或者驻店销售人员进行交谈或请教，了解服装式样对销售的影响程度。

4. 与有关顾客交谈，要有个人对市场的定位，也就是设计的服装适合什么人穿、适合什么消费层次、适合什么审美观，以及适合什么年龄层次。

通过这些手段，对新一季服装的流行趋势和设计要点基本上可以做到心中有数了，重要的是尽可能掌握第一手资料，这样才能保证资料的准确性。

在以上资料收集工作的基础上，分析裤子的设计手法，并有针对性地分析影响其造型的设计要点。

1. 女裤的长度对设计风格的影响（见图 2-1）

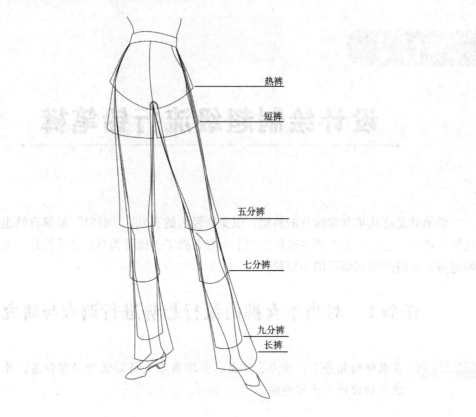

图 2-1　女裤的长度对设计风格的影响

　　根据女裤的长度设计大致可以分为热裤、短裤、五分裤、七分裤、九分裤和长裤 6 种。

　　（1）热裤（Hot Pants），是美国人对一种紧身超短裤的称谓。它是非常短的短裤，短裆紧身，裤长相当短。短短的热裤露出整条大腿很是性感，但也最直观暴露大腿缺点，所以对腿部修长而且腿形好看的女孩来说，它是秀美丽双腿最好的选择，如图 2-2 和图 2-3 所示。对于腿形不好，腿部粗的女孩来讲却是个很坏的选择，因为视觉效果太明显，不好看。

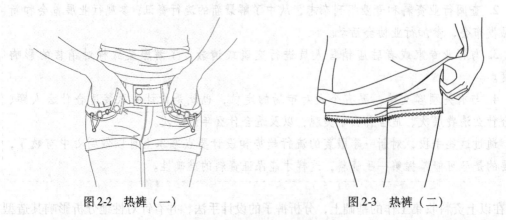

图 2-2　热裤（一）　　　　　　　　　図 2-3　热裤（二）

　　（2）短裤（Shorts）的长度一般在从裆部至膝盖的中线以上部分，有男装或女装之分，长短不一。短裤清凉、轻便、允许身体作大幅度的动作，适合年轻女孩穿着。与性感的热裤相比，短裤表现出来的特征则是运动感。因为比较短，所以对穿着者腿形的要求比较高，设计时应注意观察穿着者的身材，如图 2-4 和图 2-5 所示。

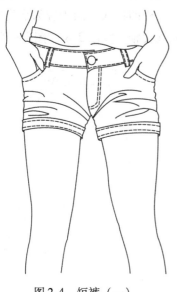

图 2-4　短裤（一）

图 2-5　短裤（二）

（3）五分裤的长度在膝盖的位置。无论搭配长靴还是高跟鞋、平底鞋都相得益彰的五分裤，恰好可以通过不同的搭配突显你的窈窕身姿。而选择米色作为基本款并搭配平底船鞋则让悠闲意味更加浓重，是假日闲暇时的精彩装扮。五分裤完全遮蔽大腿，可以掩盖大腿腿形不完美的缺陷，但对小腿的腿形要求较高，如图 2-6 和图 2-7 所示。

图 2-6　五分裤（一）

图 2-7　五分裤（二）

（4）七分裤长度在小腿中部，既不会像长裤那么死板，又不会像短裤那样过于活跃。

这种长度的裤型适应人群较广，可以让四十多岁的女性穿着更显时尚、活力，还可以通过变换长度、翻边、开衩，加上掺有莱卡的弹力棉、聚酯纤维、印花缎等面料让七分裤出落得分外可人。因为七分裤的裤长正好在小腿最粗的部位，所以，臀低腿短的人切忌穿七分裤，否则会暴露缺点。身材娇小的女孩不要选穿过于宽松的样式，因为容易显得个矮；选择合身的七分裤才是明智的选择，贴身的设计更显秀气文雅，如图 2-8 和图 2-9 所示。

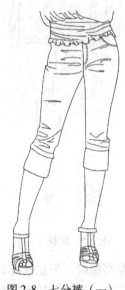

图 2-8　七分裤（一）　　　　　　　　　图 2-9　七分裤（二）

（5）九分裤的长度到脚踝处，多用于休闲裤的设计。腿长且直的人穿九分裤好看，这种裤型比较适合搭配帆布鞋，如果是牛仔九分裤，与细高跟鞋也非常搭配，如图 2-10 和图 2-11 所示。

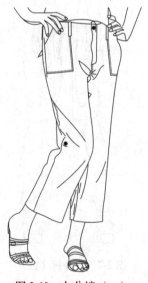

图 2-10　九分裤（一）　　　　　　　　　图 2-11　九分裤（二）

（6）长裤（Trousers）是穿着最广泛的裤型，因为遮盖住了整个腿部，因此对腿形的要求不高，只要注意与上衣颜色的搭配，以及适当的宽松度，就可以穿出完美的效果，如图 2-12 和图 2-13 所示。

图 2-12　长裤（一）　　　　　　　　　图 2-13　长裤（二）

2. 裤子腰位的变化（见图 2-14 ~ 图 2-16）

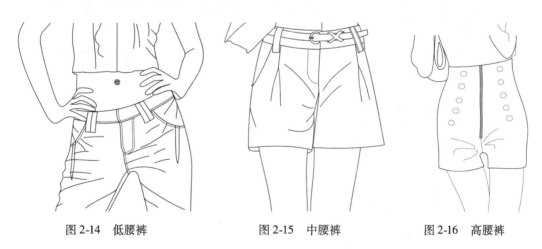

图 2-14　低腰裤　　　　　　　图 2-15　中腰裤　　　　　　　图 2-16　高腰裤

一般来说腰围线是指沿人体腰部最细处围量一周的部位。

（1）低腰裤：裤腰低于腰线以下，或叫无腰裤，如图 2-14 所示。

（2）中腰裤：裤腰刚好卡在腰线位置，运用最多，如图 2-15 所示。

（3）高腰裤：裤腰高于腰线以上，适合束上衣穿着。高腰裤把腰线提高，视觉上使人的身材显得高挑，因此身材较矮或腿部较短的人按比例适当提高腰位，可以显得人高一些，腿长一些（见图 2-16）。

3. 女裤裤脚口的变化（见图 2-17 ~ 图 2-21）

（1）喇叭裤指裤子的脚口宽度宽于膝围的式样，如图 2-17 所示。

（2）直筒裤指裤子的脚口宽度与膝围宽度相差不大的式样，如图 2-18 所示。

（3）窄脚裤指裤子的脚口宽度小于膝围的式样，也称小脚裤、铅笔裤，如图 2-19 所示。

（4）灯笼裤指裤子在宽松的脚口处进行收褶处理，以减少脚口宽度的式样，如图2-20所示。

（5）宽腿裤指裤子从臀围以下宽松度较大的式样，如图 2-21 所示。

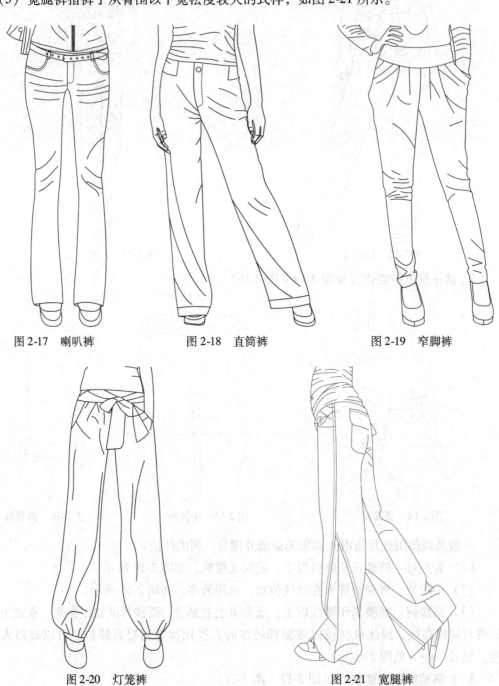

图 2-17　喇叭裤　　　　　　　图 2-18　直筒裤　　　　　　　图 2-19　窄脚裤

图 2-20　灯笼裤　　　　　　　　　　　图 2-21　宽腿裤

任务2 学习基本西裤的绘制

任务目标 学习画一款最基础的西裤,并在此基础上,设计出变化丰富的裤型。

小辞典

西裤

西裤(Trousers)主要指与西装上衣配套穿着的裤子。由于西裤主要在办公室及社交场合穿着,所以在要求舒适自然的前提下,对造型要比较注意。

第一次接触 CorelDRAW 软件,不免有些紧张,我们就从打开一个新的工作界面开始吧。

一、学习工作界面的设置

1. 设置界面

在桌面单击"开始"→"程序"→ `CorelDRAW Graphics Suite X3` → `CorelDRAW X3`,即可打开 CorelDRAW X3 应用程序;或者直接双击桌面上的图标,同样也可以打开工作界面,如图 2-22 所示。

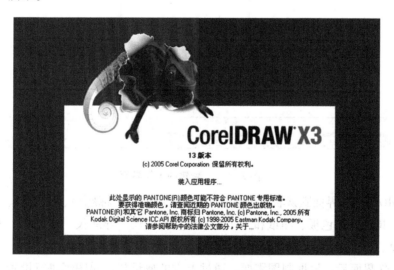

图 2-22 程序封面

进入到工作界面后,选择"新建"选项,即可以打开一张新的图纸,如图 2-23 和图2-24所示。

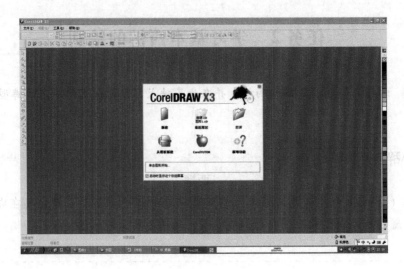

图 2-23　工作界面

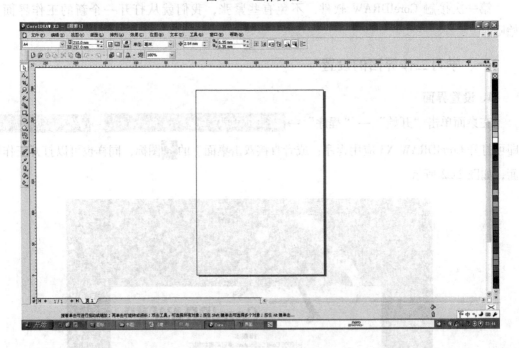

图 2-24　　新建的工作界面

CorelDRAW X3 界面默认状态下包括 10 种常用项目：标题栏、菜单栏、标准工具栏、属性栏、工具箱、调色板、图纸和工作区、原点与标尺、导航仪、状态栏；另外还有隐藏着的泊坞窗。

打开工作界面后，根据制图需要，通过上方的属性栏，对图纸进行设置。本次西裤绘图，我们设定纸张规格为"A4"，"竖向用纸"，以及绘图单位为"毫米"，如图 2-25 所示。

在工作界面左侧的工具栏中，有一个"轮廓工具"的选项，用这个工具，可以对款式图轮廓线的宽度、颜色进行调节。对于绘图来说，很多情况要求打印出画稿。但通过属

图 2-25　在属性栏对图纸进行设置

性栏可以看到，系统默认的轮廓线的粗细程度为"发丝" ，这种规格虽然能绘出图稿，但不适合打印。因此，在画图之前，要先对线条粗细进行设置。

首先从工具栏中单击打开"轮廓工具" ，选择第一个选项"轮廓笔" ，即可进入对话框进行设置，如图 2-26 所示。在选择轮廓线宽度时，要根据具体工作要求来设置。这里我们选择第三种线迹宽度，以便在绘图时可以较方便地绘制较细的线条，比如绘制明线等。

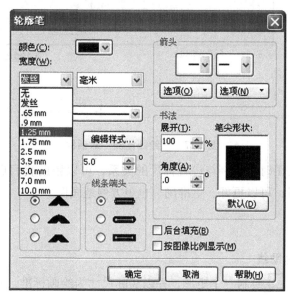

图 2-26　"轮廓笔"对话框

工作页面的设置完成了。科学合理的页面设置可以让后面的绘画清晰、便捷，以便根据需要绘制符合要求的作品。

2. 分析服装具体尺寸、比例与款式图的关系

款式图的画法很多，但如果想要将图画好，关键是比例关系。例如，衣长与胸宽的比例、领宽与肩宽的关系等。对于初学者来说，掌握比例关系是比较困难的，但却是必须要掌握的。如何能比较轻松地掌握呢？CorelDRAW 系统为我们提供了标尺工具，可以方便地找到绘图的尺寸和比例，我们就利用这个工具，画出比较准确的比例。

对于有服装专业基础的学生来说，利用对成衣基本尺寸的理解，可以更有效地掌握款式图的比例关系。将标尺的单位设置为"厘米"，将比例设置为"1:5"，就可以用实际的成衣尺寸来绘制。这样就可以尽可能准确地绘制出合格的款式图了。

绘图比例的设置：双击横向标尺，单击"编辑刻度"选项，进入绘图比例编辑界面。在此界面中，典型比例的选项处有很多常用的比例，但没有我们需要的"1:5"。我们可以在页距离和实际距离中进行设置，只需将"实际距离"设置为"5"即可完成绘图比例的设置，如图 2-27 所示。

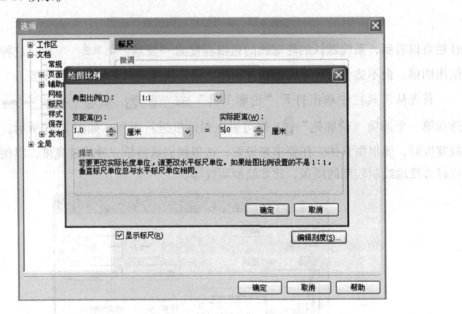

图 2-27 "绘图比例"对话框

明白了绘制款式图时，比例与设置标尺的关系，可以帮助我们更好地掌握绘图比例，利用标尺和比例设置，可以更好、更准确、也更方便地画图。

二、画出西裤

1. 设置西裤的辅助线

用"矩形工具" 绘制一个矩形，并以实际尺寸为绘画标准（裤长为 110cm，1/2 臀围为 40cm，1/2 腰围为 30cm），在属性栏 中设置高度"110cm"，宽度（臀宽）"40cm"，敲下回车键，即可完成设置，如图 2-28 所示。

设置原点和辅助线：为了绘图的方便与准确，一般应该设置原点的位置和辅助线。按住鼠标左键从竖向标尺处拖出一条竖向辅助线，将其放置在矩形竖向中心线的位置上；接下来用同样的方法从横向标尺处拖出一条横向辅助线，将其放在矩形的上边缘线上。（在"视图"菜单中勾选"贴齐对象"的情况下，当鼠标靠近绘图对象时，系统将自动出现"边缘"、"中心"等提示，以方便绘图。）在横向、竖向标尺交叉处 拖动鼠标，将原点设置在矩形上边缘线的中点处，即两条辅助线的交叉处，如图 2-29 所示。

双击横向标尺，打开标尺设置对话框，如图 2-30 所示。在对话框左侧区域中，选择"辅助线"选项，单击"水平"。在右侧水平辅助线设置栏依次输入所需要的辅助线数值。以西裤为例，我们需要落裆线位置的辅助线（25cm），因为此辅助线的位置在零刻度线以下，因此数值应为"负值"；用同样的方法，选择垂直辅助线选项，输入脚口内收量辅助线数值（17、−17、3、−3），点击"添加"按钮，并按"确定"，如图 2-31 所示。

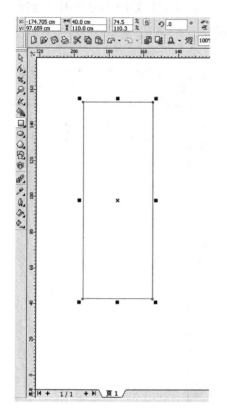

图 2-28　根据裤长比例绘制的矩形

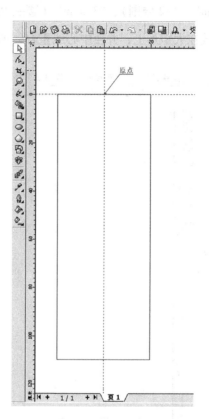

图 2-29　设置原点

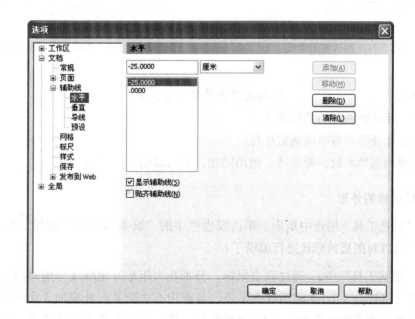

图 2-30　"辅助线设置"对话框

使用"矩形工具" 绘制一个小矩形，在属性栏中设置小矩形的长和宽分别为

"30cm"（1/2 腰围）、"3.5cm"（腰头宽）![30.0cm 3.5cm]。将设置好的小矩形用"选择工具"拖放在大矩形上，并使中心线重合，如图 2-32 所示。

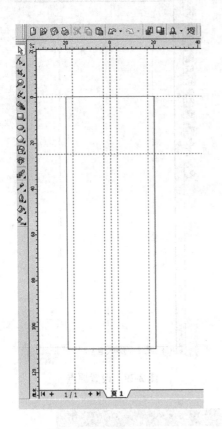

图 2-31　西裤的辅助线

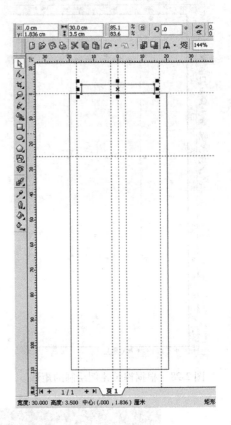

图 2-32　绘制小矩形作为腰头的基本形

☞ **注意啦**　　　　　　　　**正确设置辅助线非常重要**

1. 可以保证绘图时的数值准确。
2. 可以保证图形有准确的对称性。
3. 在使用辅助线时，要灵活。随用随加，不用即删。

2. 调整西裤的外形

使用"挑选工具"選中矩形，单击属性栏中的"转换为曲线"图标○，将其转换为曲线，就可以对图形的形状进行编辑了。

使用"形状工具"，通过双击鼠标，分别在大矩形外轮廓线与落裆线交叉点处增加两个节点；底边与 3、–3 辅助线交叉点、与前中心线交叉点处增加 3 个节点；并将底边最外边的两个节点拖曳至 17、–17 辅助线处，将大矩形上边缘外边两节点也拖曳至与小矩形宽度对齐，如图 2-33 所示。将底边中点处的节点用鼠标拖曳至落裆线处，如图2-34 所示。

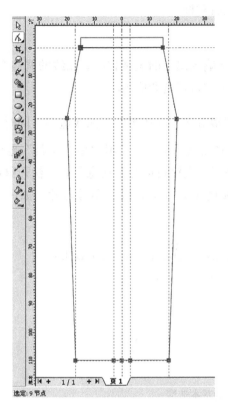

图 2-33　西裤的外轮廓

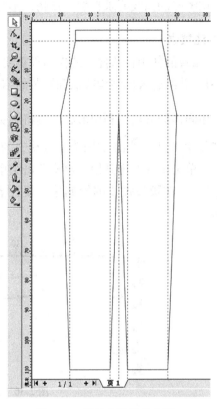

图 2-34　调整出裤腿基本形

　　裤子的基本形状已经可以看出来了，但还不够美观，需要将一些直线变换为曲线的造型。使用"形状工具"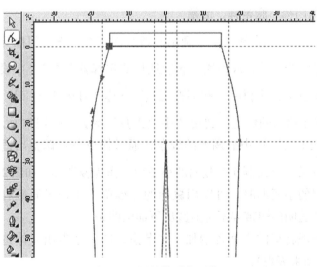选中将要进行变化的线段，单击鼠标的右键，在弹出的菜单中选择"到曲线（C）"，使此处的线条弯曲以符合人体曲线形状，如图 2-35 所示。

图 2-35　调整外形的弧线

调整好的弧线要求自然、流畅，不突兀，左右对称。

☞ **注意啦**

弧线的使用在软件中的作用很重要，直接影响到图形的美观程度。弧线的调整要多练习，并结合人体结构特征和服装的结构制图来进行理解和应用。

用同样的方法，利用形状工具将腰头的造型塑造成有立体感的下弧线造型。同时，使用"手绘工具" ✎ 画出腰头上方缺失的线条，并变化为曲线。（用"手绘工具"绘制直线时，单击鼠标左键开始，再次单击结束；按住鼠标左键可以绘制任意曲线，松开鼠标结束绘制。）在腰头弧线的绘制中，要注意曲线弧度不要过大，以免不够自然，如图2-36所示。

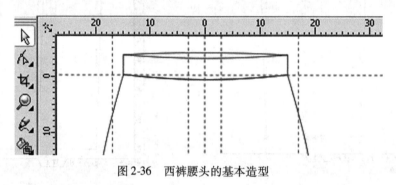

图2-36　西裤腰头的基本造型

☞ **注意啦**

工具箱中的"手绘工具"有多种工具。其中常用的画线工具有"手绘工具" ✎、"贝塞尔工具" ✐ 两种。在实际绘画时，可以根据个人的使用习惯来选择。

3. 画出西裤的门襟、腰带袢、活褶

使用"手绘工具" ✎ 在裤子中心画出一条竖向直线，作为门襟开口线。在门襟开口线右侧，绘制门襟明线，并在属性栏"轮廓线样式选择器" ▬▬☑ 中设置为虚线。在腰头中间，绘制裤腰头造型，并利用"椭圆形工具" ⬭ 同时按住〈Ctrl〉键绘制一粒直径为2cm的纽扣，放置于适当的位置。利用"手绘工具" ✎，在裤身中心线两侧绘制4条活褶线，并用"形状工具"选中需调整的线条，通过拖曳节点调整出适当的倾斜度。使用"矩形工具" ▭ 在裤腰上绘制4个竖向的小矩形，作为腰带袢，如图2-37所示。

在绘制腰带袢的小矩形时，可以用鼠标的左键单击工作界面最右侧的调色板中的白色，就可以使原本透明的腰带袢不再显露出下面的线条。

最后，在裤子两脚口的中间各增加一个节点，向下拖曳出立体造型，并画出烫迹线（可使用稍细的线条来表现）。

来欣赏一下完成后的正面款式图效果吧，如图2-38所示。

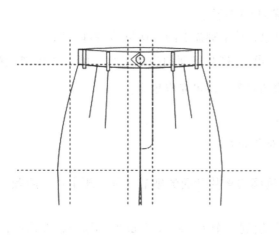
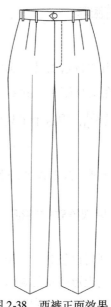

图 2-37　完成的腰头造型　　　　图 2-38　西裤正面效果

4. 利用正面款式图画背面效果

用复制的方法，复制出后裤片基础型：用挑选工具框选整个正面款式图，用鼠标左键拖曳至适当的位置后，同时按下鼠标的右键，即可完成复制。

☞ **注意啦**

在拖曳的同时，按下键盘上的〈Ctrl〉键，可以使复制后的图与原图处于同一水平线上。

复制完成后删除不需要的部件，即成为背面效果图的雏形，如图 2-39 所示。

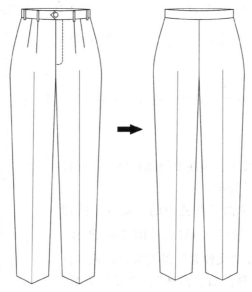

图 2-39　由西裤正面款式图复制出背面的基础图形

开眼界

删除对象的方法

1. 用"挑选工具"选中要删除的对象，按下键盘上的〈Delete〉键即可。

2. 在工具箱中，找到"剪切工具" ，打开里面的隐藏工具，单击"虚拟段删除"工具 ，用这个工具框选中要删除的对象，即可完成删除。

试一试 你还能找到哪些可以删除对象的方法？

5. 最后根据款式特征，利用软件工具画出裤片背面的细节（如：腰带袢、后额、后口袋等）

在绘制后口袋时，先用"矩形工具"绘制一个 10cm×1.5cm 的小矩形，双击后，可以通过拖曳矩形四角的弧形双箭头调整好倾斜角度，如图 2-40 所示。

绘制好一侧的口袋后，用前面学习的复制的方法，复制另一侧的口袋，但因为两侧的口袋的角度正好相反，因此，在复制后，还要单击属性栏中"镜像"的按钮 ，最终使我们得到最佳角度，如图 2-41 所示。

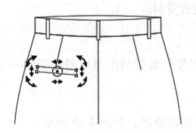

图 2-40　画西裤后口袋

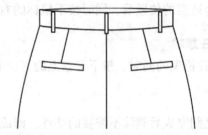

图 2-41　西裤背面完成图（局部）

试一试 你还能用什么方法来完成"镜像复制"的工作呢？

至此，一副完整的西裤款式图完成了，如图 2-42 所示。

6. 保存与导出

首次绘制的画稿完成了，现在要把画稿保存，并且要按照要求以相应的格式导出。

完成画稿修改后，单击工具栏中的"保存"按钮 ，随即会弹出"保存绘画"对话框，如图 2-43 所示。

在对话框的设置中，"文件名"的设置可以根据自己的需要设定文件的名称，如"西裤"；"保存类型"的设置要根据工作要求，设定保存类型。用 CorelDRAW

图 2-42　西裤正、背面完成效果

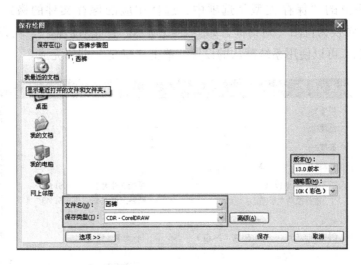

图 2-43 "保存绘图"对话框

软件绘制的文件，应为".cdr"格式的文件，我们只需要使用系统默认的保存格式即可；文件要"保存在"相应的文件夹中，如：此".cdr"格式文件"西裤"，保存在 D 盘中"西裤步骤图"文件夹中；而保存版本可以使用系统默认的"13.0"版本的设置，也可以根据需要保存为其他版本，如"12.0""9.0"版本。最后单击"保存"即可。

保存好的文件在下次打开时，只需要按照相应的保存路径找到所需文件就可以打开继续使用、编辑该文件了。

有些时候，为了阅读方便，还需要将必须装有 CorelDRAW 软件才能阅读的".cdr"格式的文件导出转换为其他格式的图片，如".jpg"".tif"".bmp"等格式。

文件保存格式的设置方法：绘图完成后，单击工具栏中的"导出"按钮，弹出"导出"对话框，如图 2-44 所示。

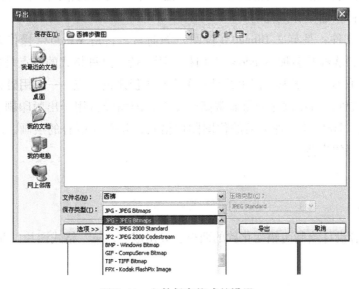

图 2-44 文件保存格式的设置

在对话框下方的"保存类型"选项中，选择相应的保存文件的格式后，单击"导出"，会弹出"转换为位图"对话框，如图 2-45 所示。在此对话框中，可以看到导出图片的一些基本情况，可以使用系统默认的设置，单击"确定"即可完成。

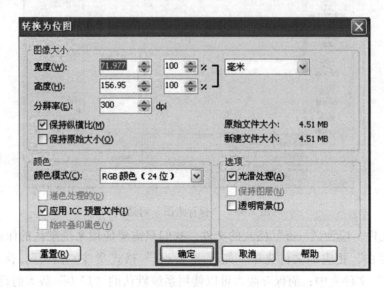

图 2-45　"转换为位图"对话框

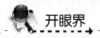开眼界

　　CDR 格式文件："．cdr"文件属于 CorelDRAW 专用文件存储格式，必须使用匹配软件才能打开浏览，你需要安装 CorelDRAW 相关软件后才能打开该图形文件。

　　JPG 格式文件：是最常用的图像文件格式，显示的颜色多，文件相对较大。JPEG 图片以 24 位颜色存储单个光栅图像。JPEG 是与平台无关的格式，支持最高级别的压缩，不过，这种压缩是有损耗的。

　　BMP 格式文件：是英文 Bitmap（位图）的简写，它是 Windows 操作系统中的标准图像文件格式，能够被多种 Windows 应用程序所支持。这种格式的特点是包含的图像信息较丰富，几乎不进行压缩，但由此导致了它与生俱来的缺点——占用磁盘空间过大。

　　TIF 格式文件：可以制作质量非常高的图像，因而经常用于出版印刷。它可以显示上百万种颜色。TIFF 是一种灵活的位图图像格式，几乎受所有的绘画、图像编辑和页面版面应用程序的支持。

自我测评

　　◇ 临摹或者设计绘制两幅变化款的西裤，导出成"．jpg"格式图片，并指出自己作品中的流行要点。

 **我的收获：**

这部分我们学习到的工具和命令有：（此处列举本节所学习的所有工具和命令）_____

_____

_____

 **我的疑惑：** _____

_____

_____

任务3　在西裤的基础上设计绘制更受年轻人喜欢的铅笔裤

任务目标　在西裤的基础上，学习绘制一款低腰、紧身造型的铅笔裤，并在此基础上，根据自己的特点，设计出符合自身风格的裤子。

小辞典

铅笔裤

　　铅笔裤源于英文 Pencil Pants，起源于欧洲。也常被称为烟管裤（Drainpipe Jeans）、吸烟裤（Cigarette Pants），这些裤子都是 Skinny Jeans（包腿型牛仔裤）的一种，是指有着纤细的裤管的裤子，也有窄管裤之称。这种裤型的特点是剪裁超低腰，可以对臀部、腿部塑型，让臀部紧贴、腿显纤长。

　　铅笔裤和长款西装搭配是非常中性帅气的穿法，内搭一件图案个性的 T 恤会立即提升时髦感。非常流行的格子图案长衬衫下搭铅笔裤，十分休闲随意，很舒适。时尚连衣裙 T 恤搭配彩色铅笔裤，一度非常流行。马甲加 T 恤是非常个性的装扮，这时配一条深色铅笔裤，再来一顶翻边帽子，狂欢聚会会愁不够靓吗？

身边事

　　艾芙买了一双小短靴，如果搭配上一条适体的铅笔裤会更有时尚感。因此，她决定在熟练掌握了西裤的设计与绘制后，学习设计一条更具有流行感的铅笔裤，并且还要将喜欢的颜色也表现在图上，"能行吗？会不会很难？"她这样问自己。

1. 绘制基本轮廓

　　绘制铅笔裤的过程和西裤一样，尝试着自己建立新文件、设置工作页面、计算辅助线数值和画出基本轮廓吧，如图 2-46 ~ 图 2-50 所示。

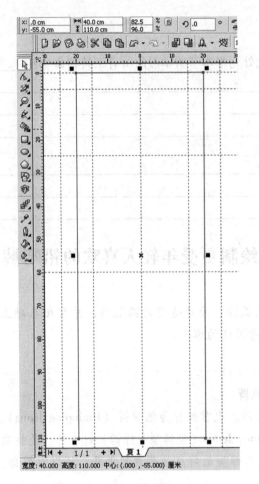

图 2-46　设置铅笔裤辅助线

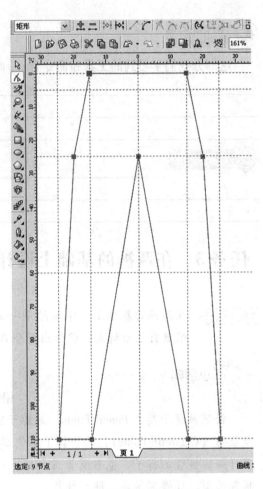

图 2-47　绘制铅笔裤基本形

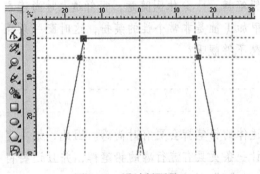

图 2-48　设计低腰量

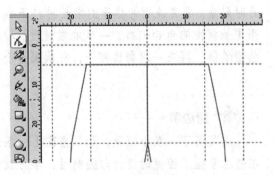

图 2-49　剪掉多余的腰高

在绘制这一款式的外形时，需要注意的方面有：

（1）低腰造型的裤子，腰围线的位置应有所降低，数值要根据款式要求来制定。同时，腰线降低后，腰围量就不能再用正常腰围的数值了，要在腰线低落的基础上实际测量。

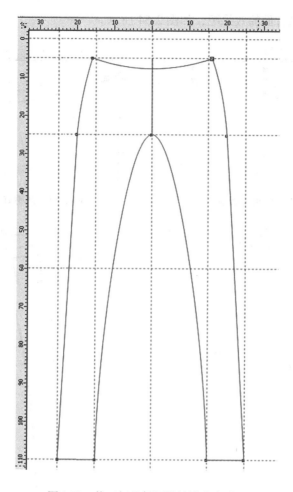

图 2-50　修正好的低腰铅笔裤基本形

（2）低腰造型的裤子，腰线的弧度也会相应地变大。

（3）紧身造型的铅笔裤的特点之一是脚口紧窄，因此要特别强调曲线修饰，要求调整后的曲线自然、顺畅，符合人体的自然体型特征。

（4）在绘制铅笔裤轮廓时，增加了膝围辅助线，以免造成因脚口尺寸过小而膝围量不够的现象。同时，膝围线的制定可以在正常比例的基础上偏高一些，这样，在视觉上有拉长小腿的作用，使得款式图更美观。

2. 绘制腰头

低腰造型腰头的尺寸只需设定腰头宽即可，而腰头长的数值要根据实际款式灵活制定。同时，由于腰头位置较低，腰头两侧轮廓线不能是简单的垂直线，而是要向内略有倾斜，以符合人体体型特征，如图 2-51 和图 2-52 所示。

3. 绘制铅笔裤的设计细节

细节包括腰头明线、口袋、门襟等，如图 2-53 所示。在这一步骤的绘制上，基本与西裤的绘制相同，区别只是在款式上。和西裤一样，这里都会用到复制、镜像复制的命令，你掌握了吗？

请自己动手画出背面的效果吧，如图 2-54 所示。

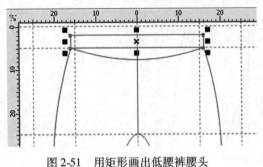

图 2-51　用矩形画出低腰裤腰头

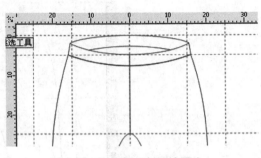

图 2-52　调整好的低腰裤腰头

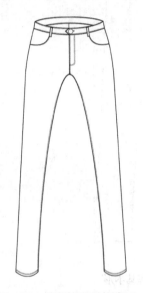

图 2-53　铅笔裤正面款式图

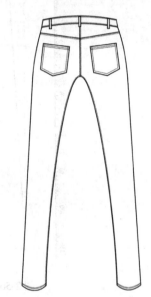

图 2-54　铅笔裤背面款式图

• 👪 **身边事** •

　　艾芙：这种裤型时尚多了，我想用我最喜欢的一块布料来制作，如果能在款式图上看看效果就更好了。

4. 学习填充绚丽的色彩

　　用电脑来进行服装设计，最大的便捷之处就是能方便、快速地进行修改。尤其对于上色，与手工上色比较起来更能显示出计算机的优点。

　　CorelDRAW X3 软件为我们提供了多种填充色彩的途径，下面我们依次来尝试一下。

　　（1）用"挑选工具"选中要填充的对象，用鼠标的左键单击工作界面最右侧的调色盘中喜欢的颜色，就可以完成你的上色了，如图 2-55 所示。

　　在上面这幅图中，大部分都已经完成了上色工作，但也有例外，就是后腰头没有填充上颜色。因为对于要上色的图形必须是封闭的。我们在绘制裤子的轮廓时，是以封闭的矩形作为基础的，因此不会对上色造成困扰。而后腰的绘制是用手绘工具画出的一条线构成

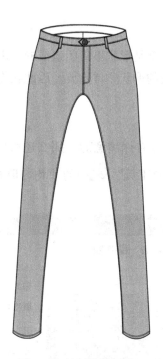

图 2-55　给铅笔裤添色

的，并不是封闭的图形。怎么处理呢？

用"挑选工具"选中后腰头的上边缘线，在属性栏中单击"自动闭合"图标，系统会自动为我们以选中的线为基础绘制一个简单的封闭图形。用"形状工具"选择自动形成的封闭形轮廓线，通过增加节点和转变为曲线的方法，调整出我们需要的形状即可，如图 2-56 ~ 图 2-58 所示。

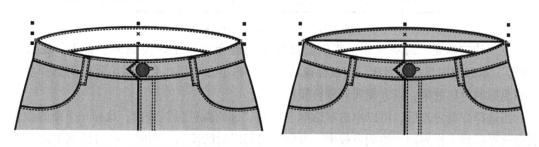

图 2-56　选中非封闭图形的轮廓线　　　　图 2-57　执行自动闭合命令

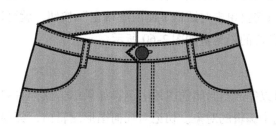

图 2-58　调整好的图形

大部分不能上色的原因，都是形状不封闭造成的。由此可知，对于要填充颜色或者面料的图形来说，是否是封闭的形状非常重要。因此在作图的开始阶段，要养成正确的绘图方法和习惯。

（2）如果调色板中的色彩没有你满意的，那么还可以在用"挑选工具"选中待填色的对象图形后，通过打开"填充工具" 中的"均匀填充"对话框 来进行更个人化的色彩选择，如图 2-59 所示。

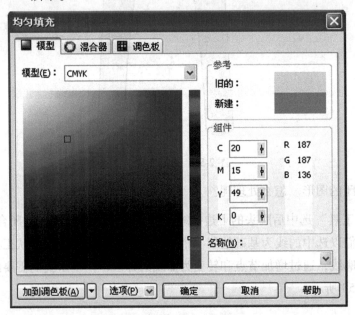

图 2-59　"均匀填充"对话框

在"均匀填充"对话框中，我们曾经使用的颜色会显示在左侧的色板上，还会在"参考"示意图中显示。当我们用鼠标拖动色板中的小方块后，会显示出我们新选择色彩与原色彩的对比效果，以方便我们调换颜色。

当选择好新色彩后，可以单击对话框下方的"加到调色板"按钮，这样一个新的颜色就会被保存到工作界面中的调色板中，方便了我们以后的使用。同时，在对话框中的"组件"选项中，会以数值的形式显示出各种色彩，你也可以通过记忆这些数值，准确地找到所需要的颜色。最后只需要单击对话框下面的"确定"按钮，就可以把个人化的颜色加入到图形中了。填充好色彩的铅笔裤如图 2-60 所示。

单击鼠标左键可以完成给封闭的图形上色；如果单击鼠标右键会改变图形线条的颜色，但前提是先要选中编辑的对象。切记对任何图形编辑前，都要先选中对象，才可以正确操作！试试看吧。

图2-60　填充好色彩的铅笔裤

 **身边事**

艾芙：漂亮的铅笔裤填充上属于我专有的颜色，真是太完美了！

自我测评：

◇ 临摹或者设计绘制两幅变化款的铅笔裤，并指出自己作品中的流行要点。

我的收获：

在这部分我们学习到的工具与命令有：（此处列举本节学习的所有工具与命令）_____

_____

_____

_____

我的疑惑： _____

_____

设计实例

设计目标 在所学知识的指导下，根据任务要求，设计符合潮流的铅笔裤，并学习如何
填写绘制工作表格。

一、绘制铅笔裤设计图

在对当季女裤流行趋势调查研究的基础上，参考下面的裤子款式图，绘制铅笔裤的设
计图（见图 2-61、图 2-62 和图 2-63）。

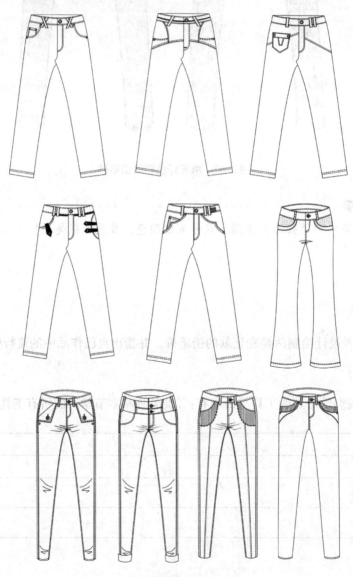

图 2-61 女裤款式变化（一）

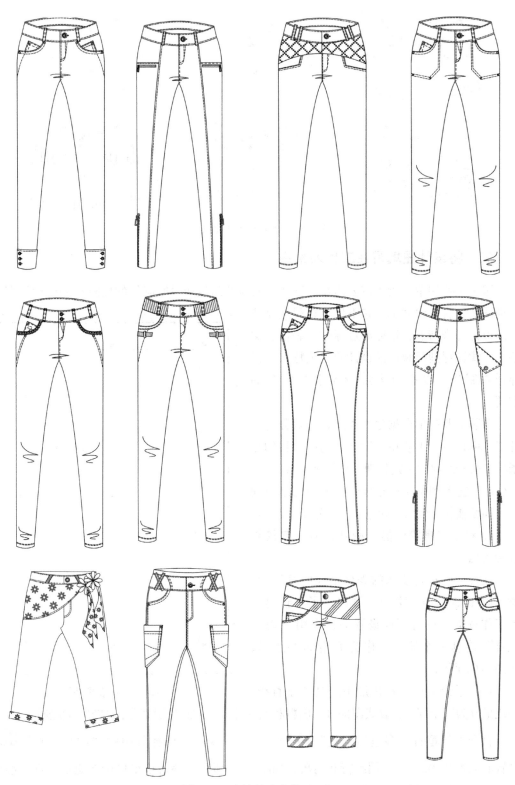

图 2-62　女裤款式变化（二）

图2-63 女裤款式变化（三）

二、将设计图填写在工作表格中

服装工业制单是指服装公司在开发和投入新产品生产时所制作的反映产品设计意图的

一种图文结合的说明单。它不仅能直观地反映产品设计外观特点，还能通过标注、表格、文字等方式详尽地反映产品设计的工艺特点，指导样衣制作，以适应大批量流水线生产的需要。

服装工业制单根据生产需要，一般分为设计工艺单和生产工艺单。设计工艺单的目的是指导产品开发时的工艺处理、设计细节等问题；而生产工艺单则是用来指导生产方面的细节问题，如面辅料、数量、颜色、尺寸号型分配等。

1. 利用工具箱中的"图纸工具"来绘制基础表格

在设计好符合要求的表格格式的草稿后，就可以在CorelDRAW中绘制出来了。新建一个工作页面，进行页面设置后，先用"矩形工具"绘制一个矩形，作为表格的外边框，如图2-64所示。

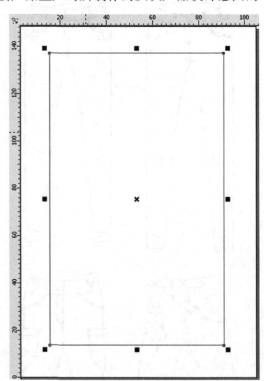

图2-64 绘制表格外框

用"手绘工具"在矩形中绘制两条直线，将矩形分为三个部分：款式图部分、面料和尺寸部分、款式说明部分，如图2-65所示。

打开工具箱的"多边形工具" 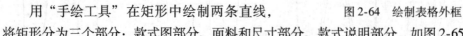，选择其中的"图纸工具" 。

设置其属性栏中 图纸行和列数，如图2-66所示，通过拖曳鼠标在矩形边框内绘制出制单中的尺寸说明的分栏。

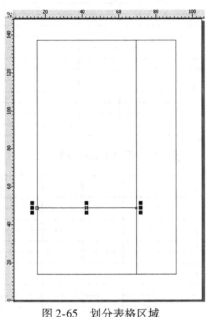
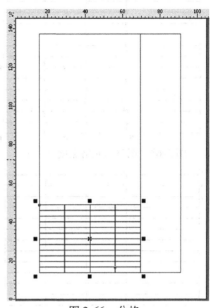

图 2-65 划分表格区域   图 2-66 分格

选中画出的表格，单击鼠标右键，在弹出的菜单中选择"取消群组"的命令，将整个的表格分解为各个独立的单元格，如图 2-67 所示，以方便后面的编辑。

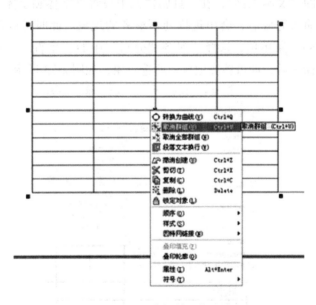

图 2-67 分解单元格

将拆分好的表格的后三列全部选中，并向右侧压缩宽度，如图 2-68 所示；然后将第一列的单元格全部选中，并向右侧拉拽，增加宽度至与其他部分重合，如图 2-69 所示。

选中第一列中最上方的两个单元格，单击工具属性栏中的"焊接"按钮，将两个单元格合并成为一个，如图 2-70 所示。用同样的方法，将后面各列也作同样的处理，如图 2-71 所示。

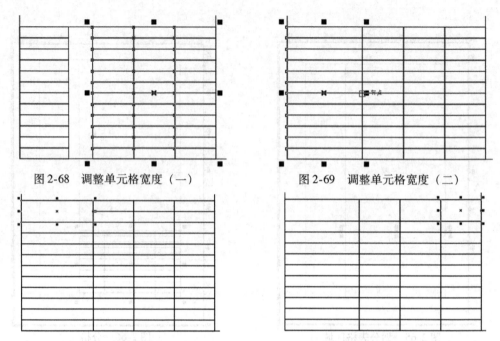

图 2-68 调整单元格宽度（一）   图 2-69 调整单元格宽度（二）

图 2-70 合并单元格   图 2-71 按要求合并单元格

用"手绘工具"完成图中的斜线部分。

单击工具箱中的"文本工具"，在工具属性栏中设置好字体和字体大小，在表格中输入所需文字。文字输入完成后，会出现排列不整齐的现象。此时可以选中将要排列的文字，然后打开"排列"菜单项，选择"对齐和分布"中的"垂直居中对齐"命令，如图 2-72 所示。执行此命令后，即可整齐地排列所选对象，如图 2-73 所示。

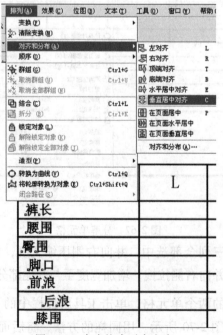

图 2-72 在表格中对齐文字

部位名称＼号型尺寸	L	M	S
裤长			
腰围			
臀围			
脚口			
前浪			
后浪			
膝围			

图 2-73　完成的表格

2. 在刚才制作好的表格中，根据要求填充表格其他内容（见图 2-74）

啦啦服饰有限公司设计工艺单

设计师：　　　系列号：　　　款号：　　　制单日期：

设计图：	面辅料说明：

部位名称＼号型尺寸	L	M	S	设计说明：
裤长				
腰围				
臀围				
脚口				
前浪				
后浪				
膝围				

图 2-74　工艺单

自我测评：

◇ 临摹或者设计绘制一个生产工艺单，并填写好内容，导出成 ."jpg"格式图片。

我的收获：

在这部分我们学习到的工具与命令有：（此处列举本节学习的所有工具和命令）＿＿＿＿

＿＿＿

＿＿＿

我的疑惑：＿＿＿＿＿＿＿＿＿＿＿＿＿＿＿＿＿＿＿＿＿＿＿＿＿＿＿＿＿＿＿＿＿＿＿＿

＿＿＿

项目测评：

1. 自评内容：你能否按时、按要求完成裤子绘制、设计这一工作项目？

2. 当这一项目完成时，你能否熟练使用学习过的设计软件中的各个工具和命令？

3. 展示内容：观赏完成的设计，能体现出当季的流行趋势吗？

4. 展示内容：评价自己和别人的设计中给你留下深刻印象的创意。

设计绘制青春时尚半身裙

项目目标 艾依的服装公司要为年轻风格品牌"啦啦"开发设计新一季的半身裙，邀请在中职三年级服装设计专业学习的艾芙和她的同学们一起来参与设计。

任务1 学习半身裙的设计方法并对半身裙的流行趋势进行调查与研究

任务目标 在教师的指导下，学习、收集、整理半身裙的流行趋势信息，并分析当季流行的设计元素有哪些。

身边事

商场里有很多服装品牌，艾芙和同学们都非常喜欢"艾格""真维斯"" ONLY"这些年轻化的品牌。这次，她们着重观察了这些品牌的裙装，收获真是不少。

在资料收集的工作基础上，分析半身裙的设计手法，并有针对性地对影响其造型的设计要点进行分析。

1. 半身裙设计与长度的关系

半身裙裙长与体形的关系：女装半身裙的长度设计大致可以分为超短裙、短裙、及膝裙、中长裙和长裙5种，如图3-1所示。

超短裙的长度一般在从裆部至膝盖的中线以上部分。超短裙青春活泼、富有活力，适合年轻女孩穿着。因为非常短，所以对穿着者腿形的要求比较高，设计时应注意观察穿着者的身材。

短裙的长度在膝盖以上。短裙活泼但不失庄重，设计时发挥的空间较大，各种面料、廓型、褶裥等几乎都可以运用。

及膝裙适应的人群范围较广，属于中庸型裙长，既不像短裙那样张扬，也没有长裙那么含蓄。由于及膝裙的长度在膝盖上下，刚好完全露出小腿，如果小腿特别粗，最好不要穿及膝裙。

中长裙的长度到小腿中间，典雅文静，多用于休闲裙的设计。这种裙长对腿形的要求不高，适应人群最广泛。

长裙在礼服和休闲裙中比较多见，具有飘逸随性的感觉，身材较高挑的人适合穿长裙。

2. 半身裙腰位的变化

一般来说正常腰节位置是指人体腰部最细的部位。

（1）低腰裙：腰位低于人体正常腰围线，露出人体腰部，显得性感妩媚，如图 3-2 所示。

（2）正常腰位：这类半身裙的腰头在人体的腰围线上，是最普遍的一种造型，如图 3-3 所示。

（3）高腰裙：一般在正常腰围线以上 8～10cm。高腰裙把腰线提高，视觉上使人的身材显得高挑，因此身材较矮或腿部较短的人按比例适当提高腰位，可以显得人高一些，腿长一些，如图 3-4 所示。

图 3-1　半身裙设计与长度的关系

　图 3-2　低腰裙　　　　　图 3-3　正常腰位　　　　　图 3-4　高腰裙

3. 半身裙的褶裥的变化

（1）单向褶指裙子中所有的褶都倒向一个方向，褶的数量可根据爱好增加或减少，如图 3-5 所示。

（2）对褶指裙子上左右两边各一个向中间折叠的褶，近年来较为流行，既增加了裙子的趣味，又没有改变整体风格，如图 3-6 所示。

（3）约克抽褶是合体裙与波浪或褶裙的组合体，裙子上半部分称为约克，下半部分可随意设计，如图 3-7 所示。

（4）碎褶指不收省道，腰头与裙身相连的接缝均匀地缝辑出细碎的褶裥，看起来像自然的褶皱，如图 3-8 所示。

图 3-5 单向褶 　　　　　　　　　　　　图 3-6 对褶

图 3-7 约克抽褶 　　　　　　　　　　　图 3-8 碎褶

任务 2 学习绘制一款造型简单的铅笔裙

项目任务　学习画一款造型简单的铅笔裙，并在此基础上，设计出变化丰富的造型。

小辞典

铅笔裙（Pencil Skirts）

铅笔裙也叫弹性窄裙，因其像铅笔一样笔直而得名，这种紧紧包住下身曲线的裙子，长度一般过膝。铅笔裙对于身材的要求极高，如果你属于"竹竿型"身材，那么这款裙子将是展现你所有身材优点的服装类别。铅笔裙要搭配适合的高跟鞋，才能达到体现身体曲线的效果，如图3-9所示。

图3-9　铅笔裙

你能独立完成以下这些绘画步骤吗？

现在以一个参考尺寸（裙长65cm，1/2臀围40cm，1/2腰围30cm）来绘制一条铅笔裙。在裤子的绘制中，我们已经学习了工作页面的设置、辅助线的设置等。裙子从外形来看要比裤子的绘制简单一些，尝试自己独立画出下面这个裙子的前片吧，如图3-10所示。

画后裙片：

1. 复制出后裙片

用复制的方法（框选前裙片，按鼠标左键向一旁拖动到适当的位置后，同时按鼠标右键即可）复制出后裙片基础型，然后去掉后裙片不需要的部分，如图3-11所示。

想一想：你能掌握几种复制的手法？

2. 绘制腰头和纽扣

根据款式特征，利用手绘工具、椭圆工具，画后裙片的腰头和纽扣，如图3-12所示。这一步骤和裤子的前腰头画法一样。

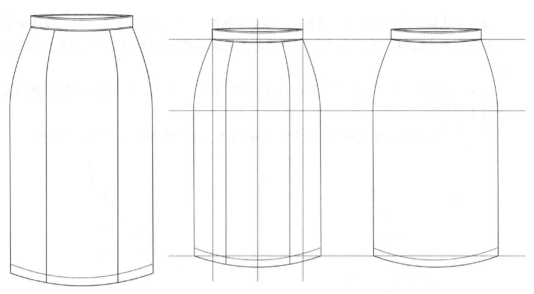

图 3-10　铅笔裙正面款式图　　　　　　图 3-11　复制出铅笔裙的背面轮廓

在后裙片的后中心线上，用手绘工具画出拉链的明线，如图 3-13 所示。

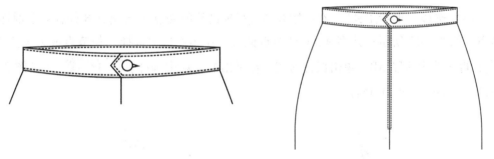

图 3-12　铅笔裙的腰头　　　　　　图 3-13　铅笔裙拉链的表现方法

3. 在后裙片的后中心线下端画裙开衩

（1）确定裙开衩的位置：根据这条铅笔裙的长度，确定开衩到裙底边以上 15cm 左右的地方，可以拖曳一条横向辅助线到这个地方，如图 3-14 所示。

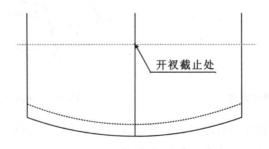

开衩截止处

图 3-14　确定裙开衩的位置

（2）双击辅助线与中心线交叉点，添加一个新的节点。将辅助线以下的线段拖曳至中心线左侧的底边线处，形成斜线，并用手绘工具画出掀起的裙开衩基础形，如图 3-15 所示。

在这一步骤中，要注意开衩掀起的角度不需要太大，关键是要让绘制出的三角形成为一个直角三角形。

（3）在后中心线左侧 2cm 处，添加一条辅助线，为底襟辅助线，如图 3-16 所示。

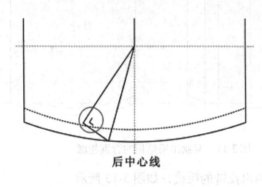

图 3-15　画出掀起的裙开衩基础形　　　　图 3-16　添加底襟辅助线

（4）选择"形状工具"，在底摆线与底襟辅助线的交点 A 与交点 B 处各双击增加两个节点，如图 3-17 所示；并将 A、B 两节点框选，在属性框中选择"使节点成为尖突工具"；再次选中线段 AB，单击鼠标右键，在弹出的菜单中选择 到直线(L)（见图 3-18），将两点间的线段变为直线。

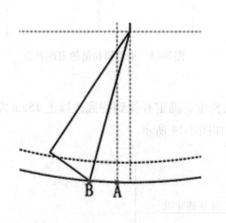

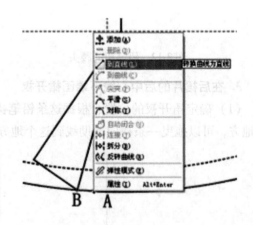

图 3-17　画后开衩底襟（一）　　　　　图 3-18　画后开衩底襟（二）

（5）在 AB 间的直线中间增加一个节点（见图 3-19），并向上推这个节点，使线段与翻折的开衩以及底襟辅助线重合，如图 3-20 所示。

（6）将多余的线条用"虚拟段删除工具"删除即可，并按实际的缝制工艺要求画出开衩背面缝线、折边等细节，如图 3-21 所示。

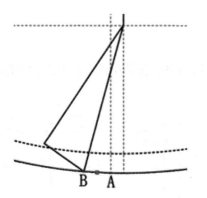

图 3-19 画后开衩底襟（三）

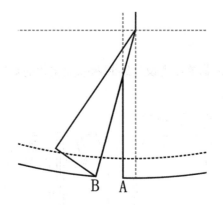

图 3-20 画后开衩底襟（四）

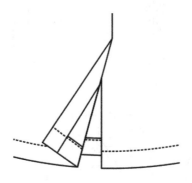

图 3-21 裙开衩完成图

最后调整一下款式图在画面中的位置，观赏一下这幅款式图的整体效果吧，如图 3-22 所示。

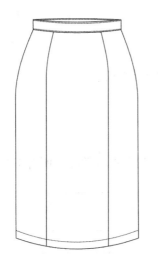
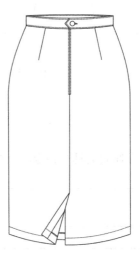

图 3-22 铅笔裙正、背面款式图

◢ 自我测评:

　　◇ 临摹或者设计绘制两幅变化款的铅笔裙，并指出自己作品中的流行要点，如图3-23所示。

图 3-23　铅笔裙款式变化

 我的收获:

　　这部分我们学习到的工具与命令有：（此处列举本节学习的所有工具和命令）＿＿＿＿＿＿

＿＿＿＿＿＿＿＿＿＿＿＿＿＿＿＿＿＿＿＿＿＿＿＿＿＿＿＿＿＿＿＿＿＿＿＿＿＿＿

◢ 我的疑惑:

＿＿＿＿＿＿＿＿＿＿＿＿＿＿＿＿＿＿＿＿＿＿＿＿＿＿＿＿＿＿＿＿＿＿＿＿＿＿＿

＿＿＿＿＿＿＿＿＿＿＿＿＿＿＿＿＿＿＿＿＿＿＿＿＿＿＿＿＿＿＿＿＿＿＿＿＿＿＿

任务3 在铅笔裙的基础上设计绘制更受年轻人喜欢的 A 字裙

任务目标 在铅笔裙的基础上,学习绘制一款牛仔 A 字裙,并在此基础上,根据自己的特点,设计出符合自身风格的 A 字裙。

身边事

艾芙看到筒裙很漂亮,不过妈妈穿更合适,自己还是觉得 A 字裙更适合她们这些中学女生。她暗下决心:一定要设计出最漂亮的 A 字裙。

小辞典

A 字裙

A 字裙通常指的是像 "A" 字那样,腰围处小、下摆较大的半截裙,穿上显得人很阳光,太成熟的女性不适合。

1955 年,Christian Dior(克里斯汀·迪奥)从 Balenciaga(巴黎世家)经典的三角裙中获得灵感,创造了 A 字裙。他把裙子腰部多余的布料裁去,从而使侧面显现出更贴合身材的腰部线条,同时也保留了裙子在穿着时的宽松感。20 世纪 50 年代的经典裙装强调束紧腰部,紧勒出身体曲线,而 A 字裙打破了这一传统。一开始人们拒绝穿上 A 字裙,因为它显然勒得不够紧,又显得不够正式,这让她们的节食毫无用武之地。但是到了 20 世纪 60 年代,人们又急切地想要将身体从捆绑式的服装中解放出来,A 字裙从此一炮走红。A 字裙获得了时尚界的全面肯定和赞誉,并由此奠定了它在时尚领域中的标杆地位。

一、分析 A 字裙的设计要点

(1)A 字裙在造型上要突出下摆较为宽松的特点,一般会采用下摆加波浪、加褶皱等手法来强调体积感。

(2)A 字裙的长度也会影响最终的造型效果。当裙长较短时,体现时尚活泼的着装效果,对腿形要求较高;当裙长较长时,要选用较为柔软的面料,使宽松的下摆产生自然的波折,以避免厚实的面料产生的挺直生硬的感觉。

(3)要选择能够平整包裹臀部的 A 字裙,不要选择臀部有褶裥的,后者会使你的臀部鼓得像个帐篷,令下身臃肿。

(4)在 A 字裙上可使用彩色印花,花卉图案和精致印花会给大家带来更丰富的搭配乐趣。

二、画出基础造型的 A 字裙

（1）根据款式特征设置基本款 A 字裙辅助线（裙长 45cm），并画出基本款 A 字裙轮廓线，如图 3-24 和图 3-25 所示。

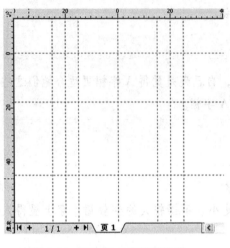

图 3-24　基本款 A 字裙辅助线　　　　　图 3-25　基本款 A 字裙轮廓线

（2）根据基础线，以及前面所学的绘图工具的使用方法，独立画出基础造型的 A 字裙，如图 3-26 所示。

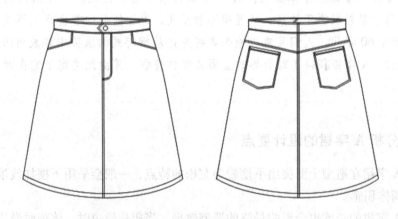

图 3-26　基本款 A 字裙款式图

三、为 A 字裙添加更具女性化的皱褶边饰

皱褶边饰是表现女性化特征的最佳手法，因此在裙装设计中应用最广泛。具有代表性的皱褶边饰有对褶、单向有规律的百褶、碎褶、荷叶边式的波浪褶等。

1. 对褶 A 字裙裙摆的画法

对褶细腻的褶裥设计，使含蓄的 A 摆看上去很淑女。秩序感是这类 A 字裙的基本角色，搭配同样传统的小西服，充满英伦学院气质。如果搭配条格面料，更加体现出 A 字裙特有的年轻感觉。

画出带有褶裥的下摆的基本形：在 A 字裙裙摆的适当位置上画出横向分割线。在分割线与外轮廓线交叉处各增加一个节点，并调整出向外撇出的裙摆造型，如图 3-27 所示。

用手绘工具画出褶裥的基本位置和形态，如图 3-28 所示。

图 3-27　画横向分割线　　　　　　图 3-28　画出褶裥的基本位置和形态

如图 3-29 所示，由于线条角度的问题，两线段相交形成的尖角过于突出。此时，可以使用"轮廓工具"中的"轮廓笔"选项来修正，如图 3-30 和图 3-31 所示。

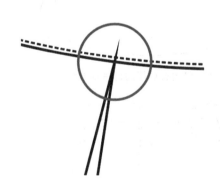

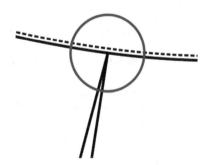

图 3-29　多出的尖角　　　图 3-30　"轮廓笔"　　　图 3-31　去掉尖角
　　　　　　　　　　　　对话框中的选项

通过增加节点的方法，做出布料折叠的效果，如图 3-32 和图 3-33 所示。

最后画出裙摆细节，如图 3-34 所示。

2. 单向有规律的百褶的画法

在 A 字裙的基础上，用手绘工具绘制线条 a 和 b，如图 3-35 所示。

做 a 线段中点和 b 线段中点的连线 c，并将其拖曳为曲线，使之成为裙摆分割线与裙摆之间的中分线，如图 3-36 和图 3-37 所示。

将此造型剪切下来并与其重叠，在大幅面图案的重叠面上再画出重叠的线条，上方的这
段折叠线交叉及交叠重叠加一个折叠面，会略略地出现折叠出的褶皱效果，（如图 3-32 所示，
用等发工具的折叠效果的基本工的，如图 3-33 所示）。

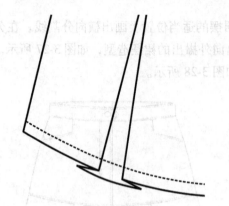

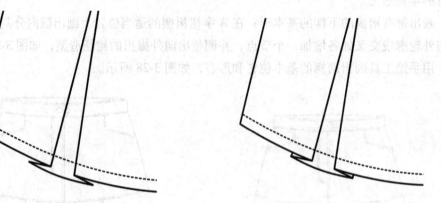

图 3-32　布料折叠的效果（一）　　　　　图 3-33　布料折叠的效果（二）

图 3-34　褶裥下摆 A 字裙款式图　　　　　图 3-35　单向有规律的百褶基本线

如图 3-35 所示，有了褶末的百褶基础，将每个褶区打开即把如图 A 所示。接下来，可
以依据下摆量，把整个 b 弯曲使下摆 b 弯起宽基础线，（如图 3-35 所示）。

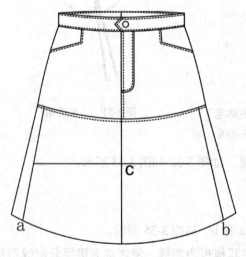

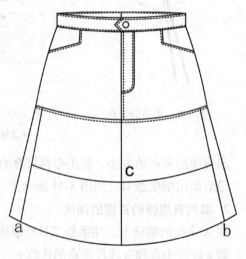

图 3-36　画出百褶的中心线　　　　　　　图 3-37　调整中心线弧度

单击工具箱中的"交互式调和工具" 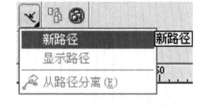，如图3-38所示，按住鼠标左键，从a线段处拖曳至前中线处，并在工具属性栏中设置交互式调和工具的"步长"（根据百褶裙的褶皱数量来设置步长数值）。

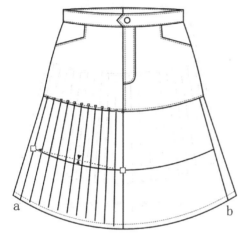

图3-38 做百褶的基本线条   图3-39 设置百褶线条的位置

选择工具属性栏中的"路径属性" 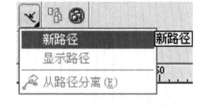（见图3-39），选择"新路径"，单击曲线c，即可调整褶线段位置，使之适应裙摆的形状，如图3-40所示。用同样的方法做另一半裙摆的褶线，如图3-41所示。

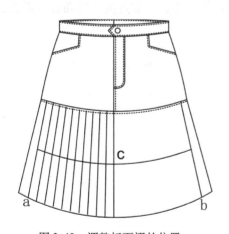

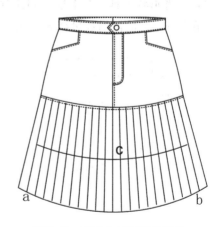

图3-40 调整好百褶的位置   图3-41 完成全部百褶的线条

如果此时褶线的位置还没有调整到最佳的位置，可在选中"交互组"的条件下，单击鼠标右键，在弹出的菜单中选择"拆分元素的复合对象"命令，然后重新选择交互组，单击鼠标右键，在菜单中选择"取消全部群组"命令，或者单击工具属性栏中的"取消全部群组"按钮，经过这些命令后，这些褶线就被拆分成了独立的线条，可以进行单独修改了，直至修改完美为止。

选择曲线c，用鼠标右键单击调色板中的"透明色"，使c线不显示，如图3-42所示。

最后，用形状工具，通过双击鼠标左键，在裙摆边线上增加若干个节点，通过调整每个节点的控制手柄来改变线条的形状，使百褶裙下摆更生动，如图 3-43 所示。

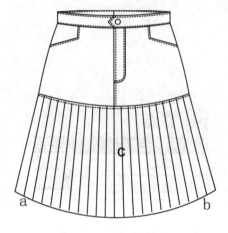

图 3-42　使中心线消失

图 3-43　百褶下摆 A 字裙款式图

3. 百褶下摆 A 字裙款式图的表现方法

波浪式褶皱是最能表现女性美的装饰手法了，也是女装设计中最常用的装饰手段。在绘制时，可以通过在下摆增加节点，并通过调整每个节点的控制手柄，来调节每个波褶的形状来塑造这种褶皱的效果。

（1）画出带有垂坠波浪感的下摆的基本形，如图 3-44 所示。

（2）选择形状工具，在下摆上的任意位置双击增加节点。节点的位置和数量根据设计来定，节点越多，波褶的数量越多，如图 3-45 所示。

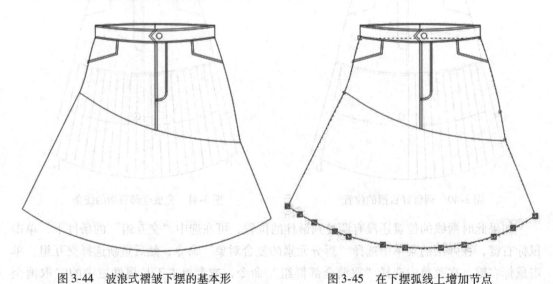

图 3-44　波浪式褶皱下摆的基本形　　　　图 3-45　在下摆弧线上增加节点

（3）通过拖曳节点间的曲线，调整出波浪一样的下摆造型（见图 3-46），并用手绘工具绘制出垂褶的衣纹线，如图 3-47 所示。

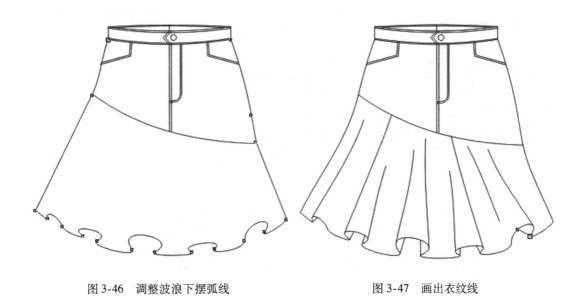

图 3-46　调整波浪下摆弧线　　　　　图 3-47　画出衣纹线

☞ **注意啦**

　　这种褶皱在绘制时并没有特别的难度，但若想要表现出自然流畅的曲线，关键是要让每个波褶呈现不同的形态，不可太过雷同。而与波褶相连的褶皱线，则应以柔和的略带弧度的曲线来表现，以体现面料特有的柔软的感觉。

⚠ 自我测评:

　　◇ 临摹或者设计绘制两幅变化款的 A 字裙，并指出自己作品中的流行要点，如图3-48所示。

图 3-48　A 字裙款式变化

图 3-48 A 字裙款式变化（续）

 **我的收获：**

这部分我们学习的工具与命令有：（此处列举本节学习的所有工具与命令）_____

_____

 **我的疑惑：**

_____

_____

任务 4 给设计好的 A 字裙填充面料

项目任务 通过网络或者用数码相机拍照来搜集面料素材，并根据设计特点，挑选适合的面料，填充到图形中。

👪 身边事

　　艾芙：我设计的短裙是不是很好看？我想用牛仔面料和纯棉的花布面料来做一件拼接效果的短裙，但不知效果怎样。不如我把面料用数码相机拍下来，然后填充到设计图中，就可以看到最后效果了。这样不是很直观吗?!

还记得怎样给我们画出的款式图填充颜色吗？将素材库中的面料素材填充到图形中的方法和填充色彩的方法基本相同。这次，我们要将从网络上下载的，或者我们自己用数码相机拍摄的牛仔面料填充到这件 A 字裙中。填充后的 A 字裙如图 3-49 所示。

（1）用"挑选工具"选择将要填充面料的图形，单击工具箱中的"填充工具"，选择其中的"图样填充"，单击打开对话框，如图 3-50 所示。

图 3-49 填充面料的 A 字裙   图 3-50 "图样填充"对话框

单击"装入"按钮，打开保存了面料素材的文件夹，选择适当的面料，单击"导入"按钮，选中的面料素材就导入到"图样填充"对话框中了，如图 3-51 所示，单击"确定"按钮，面料即导入到图形中。

图 3-51 面料素材库

在这里会遇到的问题有：

1）为什么填充不进面料？

在前面学习填充色彩时已经知道，要填充色彩的图形必须是封闭的图形，填充面料的图形也要符合这个要求。本节的 A 字裙由两种面料拼接而成，不是封闭的图形，这又要如何处理呢？

选择工具箱中的"矩形工具" ，绘制一个矩形，并将其"转换为曲线" ，使用"形状工具" 通过增加节点和调节节点位置，使这个封闭的图形覆盖在将要添加面料的位置，如图 3-52 和图 3-53 所示。

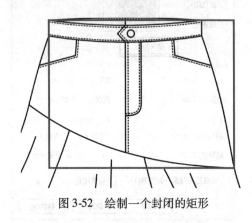

图 3-52　绘制一个封闭的矩形　　　　　　图 3-53　调整为所需形状

此时即可填充面料或者是颜色了。

2）填充好的面料覆盖了绘制好的线条怎么办？

因为填充面料的图形是后来另外绘制的图形，因此会覆盖前面画好的线条。此时要使用"顺序"的命令来调整，如图 3-54、图 3-55 和图 3-56 所示。

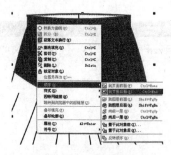

图 3-54　填充设计所需面料　　　图 3-55　调整面料层次　　　图 3-56　调整后的效果

设置顺序的原则是先画的对象在下面的层次，后画的对象在上面的层次。因此在设置顺序时要考虑好层次，也可用"顺序"中的"向后一层"命令逐层尝试。

（2）如何做出牛仔特有的磨白做旧效果？

磨白做旧是牛仔服装特有的效果，可以用"交互式阴影工具"做出简单的效果。

用"椭圆形工具"绘制一个椭圆形，使其符合磨白的形状，随意填充一个颜色，并使轮廓线为透明色，如图 3-57 所示。

单击打开工具箱中的"交互式调和工具" 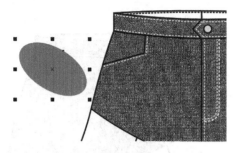，选择其中的"交互式阴影工具" ，用鼠标拖曳椭圆形阴影到磨白处，如图3-58所示。

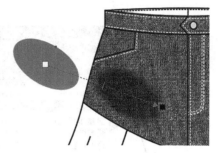

图3-57　画出与磨白形状相仿的图形　　　　图3-58　将图形投影到磨白位置

在工具属性栏中设置阴影的属性。将"阴影颜色"设置为"白色"，"透明度操作"设置为"正常"（见图3-59），阴影的透明度数值设置为适度（在改变数值时，可以看到变化），"阴影羽化"的数值设置为"最大"，使阴影轮廓自然模糊如图3-60所示。

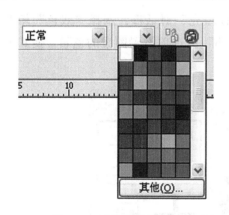
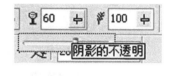

图3-59　选择投影颜色　　　　　　　　图3-60　调整投影属性

经过设置后，牛仔磨白的效果可以看到了，如图3-61所示。

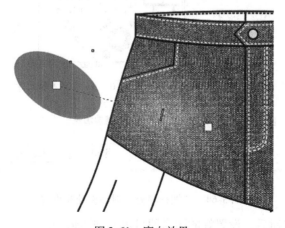

图3-61　磨白效果

在选中阴影效果的情况下，单击鼠标右键，在弹出的菜单中选中"拆分 阴影群组"，经过拆分后，就可以将做阴影的基础椭圆形删除了。最后将做好的磨白镜像复制到服装的另外一侧，如图 3-62 和图 3-63 所示。

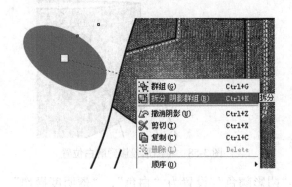

图 3-62　拆分阴影，删除辅助图形　　　　　　　　　图 3-63　做好的磨白效果

（3）如何用 CorelDRAW 软件绘制花布面料？

单击将要添加花布面料的图形，打开"图样填充"对话框，选择"双色"填充，选择喜爱的图案。此时可以通过"前部"与"后部"的选项设置图案的色彩，使其和与之相拼的面料色彩相协调，如图 3-64 所示。

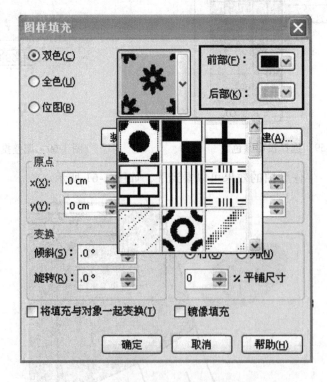

图 3-64　"图样填充"对话框花布设置

单击"确定"按钮后，设置好的图样即可填充到图形中。

但此时图样的大小不一定适合服装的要求，因此单击工具箱中的"交互式填充工具" ，通过拖曳交互式填充工具的调节框进行调节（见图3-65），直至达到需要的效果为止，如图3-66所示。

图3-65 调整花纹图案大小   图3-66 填充好面料的波浪下摆A字裙

 **自我测评：**

◇ 临摹或者设计绘制两幅变化款的A字裙，并填充面料，要注意面料的特点应和设计的服装款式相适应。

我的收获：

这部分我们学习的工具与命令有：（此处列举本节学习的所有工具与命令）＿＿＿＿＿

＿＿

＿＿

我的疑惑： ＿＿＿＿＿＿＿＿＿＿＿＿＿＿＿＿＿＿＿＿＿＿＿＿＿＿

＿＿

设计实例

设计目标 在所学知识的指导下，根据任务要求，设计符合新一季流行的半身裙，并学习填写绘制工作表格，如图3-67所示。

编号		品名		编制			日期		
				号型		体型		体重	

<table>
<tr><td colspan="11" align="right">规格表　　　　　　　　　　　　　　单位：cm</td></tr>
<tr><td>部位</td><td>XS</td><td>S</td><td>M</td><td>L</td><td>XL</td><td>XXL</td><td>3XL</td><td>备注</td></tr>
<tr><td>裙长</td><td></td><td></td><td></td><td></td><td></td><td></td><td></td><td></td></tr>
<tr><td>腰围</td><td></td><td></td><td></td><td></td><td></td><td></td><td></td><td></td></tr>
<tr><td>臀围</td><td></td><td></td><td></td><td></td><td></td><td></td><td></td><td></td></tr>
<tr><td>覆饰长</td><td></td><td></td><td></td><td></td><td></td><td></td><td></td><td></td></tr>
<tr><td></td><td></td><td></td><td></td><td></td><td></td><td></td><td></td><td></td></tr>
<tr><td></td><td></td><td></td><td></td><td></td><td></td><td></td><td></td><td></td></tr>
<tr><td></td><td></td><td></td><td></td><td></td><td></td><td></td><td></td><td></td></tr>
</table>

正面　　背面

料样	材料统计	
	面料	
	里料	
附属说明	衬料	
	辅料	

图 3-67　裙装工艺单

自我测评：

◇ 设计绘制一个 A 字裙生产工艺单，并填充内容。

我的收获：

这部分我们学习的工具与命令有：（此处列举本节学习的所有工具与命令）_____

 我的疑惑：

_____

_____

_____

_____

_____

项目测评：

1. 自评内容：你能否按时、按要求完成半身裙的绘制、设计这一工作项目？

2. 自评内容：你能否熟练掌握表格的制作和填写工作？

3. 当这一项目完成时，你能否熟练使用学习过的设计软件中的各个工具和命令？

4. 展示内容：观赏完成的设计，能体现出当季的流行趋势吗？

5. 展示内容：评价自己和别人的设计中给你留下深刻印象的创意。

6. 自学内容：在课下分别学习 Word 文档及 Excel 表格的制作。

7. 自学内容：学习与任务客户沟通的方法，了解设计任务的要求。

提 高 篇

项目 4

设计绘制解决危机的衬衫

项目目标 为艾依的公司设计一系列当季的新款衬衫。

●· 身边事 ·●

　　奇点：艾依，最近你仿佛是有心事，公司有什么问题吗？

　　艾依：最近公司为国外某个服装企业特制了一批衬衫面料，可是由于美元贬值以及经济不景气，订单量压缩，这批面料被压在库里了。大概有 100 万元的损失。公司资金压力很大。

　　奇点：不如我们公司自己开发衬衫新品，也许在接下来的销售旺季能解我们的燃眉之急呢。

　　艾依：这也是个办法。

　　奇点：让艾芙这个小小设计师和她的同学们也来参与设计吧。

　　艾依：好的！

任务1　对当季女式衬衫的流行趋势进行调查与研究

项目任务 在教师的指导下，学习、收集、整理当季女式衬衫的流行趋势信息，并分析当季流行的设计元素有哪些，把收集来的资料填写在表4-1中。

表4-1　衬衫流行趋势市场调查表

市场调查时间及地点：		
选择店铺类型：高档专卖店　　中高档服装商场　　特色小店　　服装批发市场		
衬衫类型	正装衬衫	时装款衬衫
目标顾客类型		
代表品牌		

（续）

衬衫类型	正装衬衫	时装款衬衫
价位区间		
流行款式特征		
流行色彩特征		
流行面料特征		
流行图案特征		
特殊的结构设计		
特殊的工艺设计		
其他吸引你的因素		
制表人		

通过市场调查，艾芙发现，市场上衬衫的种类非常多。男衬衫虽然看似款式变化不大，但在面料、色彩上却是花样翻新，细节上的设计也是颇有新意，比如领角、袖口的设计，又如分割线的设计等。而女式衬衫的款式变化却是丰富多彩，充分体现出当季流行的设计特点，衬衫不仅仅是内穿，更多的是作为时装，展现出女性独特的着装魅力。

任务2 学习基本款女式衬衫的绘制

任务目标 学习画一基本款女式衬衫，并在此基础上，设计出变化丰富的衬衫造型。

从衬衫开始，我们将进入到上装的绘制部分。在这一部分中，所使用的参考数据也都与上半身的尺寸有直接的关联，例如，领宽、领深、胸围、腰节等。本节将以衣长60cm、胸围84cm、袖长58cm、肩宽38cm、领宽10cm为基本尺寸，来绘制基本款衬衫，其他款式在此基础上，进行相应的数据修改。

我们从绘制女式衬衫的框架开始吧。

一、绘制女式衬衫

1. 设置辅助线

设置好工作页面后，可以进行辅助线的设置，方法和前面绘制下装的方法一样。

横向辅助线：自上至下依次是底领高度（零刻度线上3cm处）、零刻度线、落肩线、领深线、袖隆深线、腰节线、衣长线，如图4-1所示。

竖向辅助线：自里至外依次是前中心线、领宽线、收腰量、胸宽线。

☞ **注意啦**

正装上衣的落肩量不要太低，以5cm为标准，休闲上衣的落肩量可以低一些。

2. 画出轮廓

利用"手绘工具" ✍ 画出衬衫的基本轮廓，如图4-2所示。

将领口、底摆、侧缝变为弧线，拖曳出适当的弧形，如图 4-3 所示。

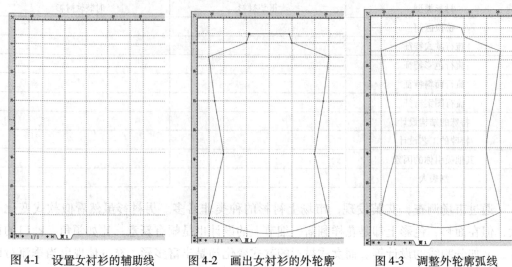

| 图 4-1　设置女衬衫的辅助线 | 图 4-2　画出女衬衫的外轮廓 | 图 4-3　调整外轮廓弧线 |

上衣的外形已经基本表现出来了。

☞ **注意啦**

　　因为脖颈的形状是上细下粗，因此在表现领子的时候，上领口宽度应适当内收 1cm 左右。

　　女式上衣可在收腰量上多一些，既可以表现女性纤细的腰身，同时也能表现出臀部的丰满。

3. 画出衬衫的细节

女式衬衫的领形非常多，在绘制时要根据款式的设计特点，灵活调整线条。

（1）在正装中常出现的翻领怎么画？

首先要在前中心线一侧添加一条搭门线，如图 4-4 所示。

用"手绘工具"画出底领的基本形，如图 4-5 所示。

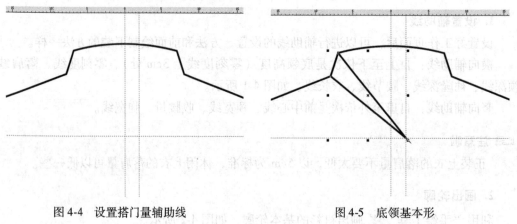

图 4-4　设置搭门量辅助线　　　　　　　　图 4-5　底领基本形

调整出底领的造型，并镜像复制到另一侧，如图 4-6 和图 4-7 所示。

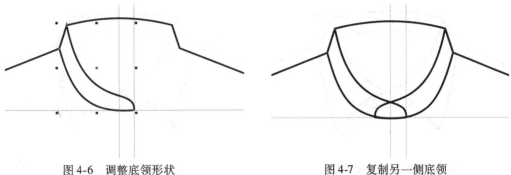

图 4-6　调整底领形状　　　　　　图 4-7　复制另一侧底领

给底领填充白色，使造型更清晰。如果要调整两侧底领的上下层次的顺序，先选中要调整的对象，单击鼠标右键，弹出快捷菜单，选择"顺序"选项，再选择"到图层前面"，如图 4-8 所示。

调整好上下层次顺序的效果，如图 4-9 所示。

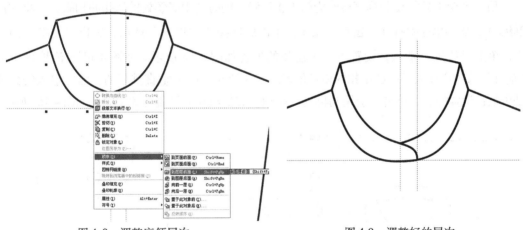

图 4-8　调整底领层次　　　　　　图 4-9　调整好的层次

将翻领的领面画出，调整好线条并画出细节。镜像复制到另外一侧，最后加明线装饰，如图 4-10 ~ 图 4-13 所示。

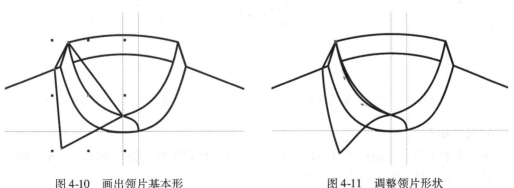

图 4-10　画出领片基本形　　　　　图 4-11　调整领片形状

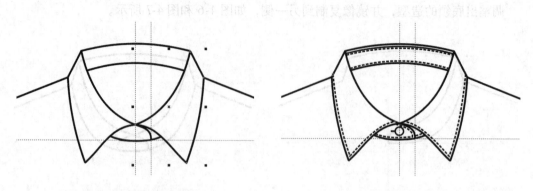

图 4-12　复制另一侧领片　　　　　　　　图 4-13　画出领片细节

这种领形更像是男式衬衫领，女式衬衫领只需画出翻领的领面即可。

翻领即领面向外翻折的领形。翻领的外观风格较为严谨，多用在正装衬衫的领形设计中，也可以通过运用装饰手法来丰富其变化。

（2）利用"位置变化泊坞窗"绘制门襟上的纽扣。

用"手绘工具"绘制垂直线作为门襟止口线；同时选中底领处的纽扣和扣眼，并将它们群组　；从菜单栏中打开"窗口"菜单，单击后选择"泊坞窗"选项，选择"变换"泊坞窗，单击"位置"选项，设置下一个纽扣的位置如图 4-14 所示。在图 4-14 的泊坞窗中的"垂直"选项中输入下一粒纽扣的相对位置。因为纽扣是向下垂直排列的，因此输入的数值是负数；设置好后，单击"应用到再制"按钮。其他纽扣的设置与此相同，如图 4-15 所示。

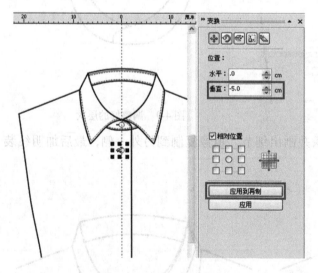

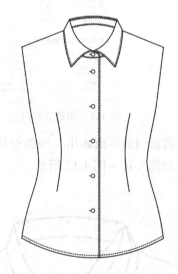

图 4-14　设置纽扣的位置　　　　　　　　图 4-15　绘制了纽扣的门襟

4. 绘制袖子

用"手绘工具"绘制袖子（见图 4-16），使用"形状工具"将线条变为曲线，经过调整，修正出女式衬衫袖子的造型，如图 4-17 所示。

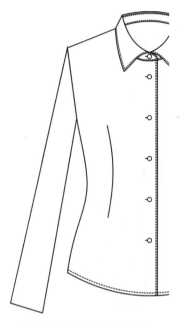

图 4-16　袖子的基本形状

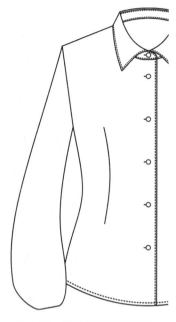

图 4-17　调整好造型的袖身

　　选择工具箱中的"矩形工具"，单击其中的"3 点矩形工具"绘制袖头，方法是：将鼠标放置在袖头位置，按住鼠标左键，拖曳出一条直线，使之符合矩形摆放的角度和长度；松开鼠标后继续拖曳，即可绘制出一个有角度的矩形；如要结束绘制，再次单击鼠标左键即可，如图 4-18 所示。最后绘制袖口细节，如图 4-19 所示。

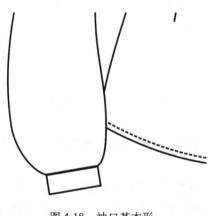

图 4-18　袖口基本形

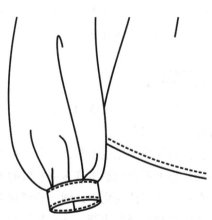

图 4-19　调整好的袖口形状

☞ **注意啦**

　　要使袖子保持一个封闭的形状，以方便以后填充颜色或者面料。

　　一侧的袖子绘制完成后，选中整个袖子，镜像复制到另一侧，调整后完成绘制，如图 4-20 所示。

图 4-20　女衬衫款式图

　　艾芙：哦，原来上衣的绘制步骤是这样的呀。关键尺寸和画裤子、裙子是完全不一样的哟，看来要想很好地掌握绘制比例还得多留心成衣的测量呢。

　　但是这件衬衫怎么看都不是那么时尚，如果用姐姐公司积压的那些布料来制作，销量也不会好的，要再时尚些才好呀。

　　衬衫是一种穿着灵活的上衣，它可以穿着外衣的里面做"内衣"，也可以穿在内衣的外面做"外衣"。

　　衬衫的外形变化很丰富，H形、A形、S形是衬衫设计中常见的基本形，在这些基本形的基础上可以创造出许多更新鲜的外形。

　　在衬衫的局部变化中，领子的变化起着决定性的作用，其他部位的局部变化都应与领子的风格和造型相协调。许多衬衫的名称会根据领子的特点来确定。运用于衬衫的领型很丰富，立领、翻领、系带领、无领是衬衫中常见的基本领型，变化这些基本领的造型，或运用刺绣、滚边、相拼等工艺对它们进行装饰都是衬衫设计常用的手法。

　　衬衫袖的变化更丰富，长袖、短袖、半袖、七分袖；连袖、平装袖、插肩袖；喇叭袖、灯笼袖、泡泡袖等都可以运用在衬衫的设计上。由于衬衫的变化手法和变化形式很丰富，因此，在衬衫的款式设计过程中一定要注意把握好整体风格的协调，让袖子与外形风格协调，袖子与领子的风格协调，面料与款式协调等，只有这样衬衫的设计才能完美。

**身边事**

艾芙很想知道，有可爱的小女孩感觉的蝴蝶结领怎么画？

二、绘制蝴蝶结领衬衫

蝴蝶结领是以蝴蝶结做领饰的领形，造型俏皮、活泼。

在绘制时要注意处理好蝴蝶结的形态，要自然，不能生硬，还要处理好蝴蝶结中"带"的宽窄、长短，以及在扭曲中的变化，处理好"带"与"结"之间的关系，让"结"将"带"自然地束住。

蝴蝶结是服装常用的设计元素，在学习中，通过写生练习，掌握蝴蝶结形态变化的规律后，可以在需要时将它自然地运用到服装的其他部位中去。

首先按照前面所讲，绘制出衬衫的基本轮廓，如图4-21所示。

用"手绘工具"绘制蝴蝶结领飘带的基本形（见图4-22），这个基本形同样要求为封闭的形。

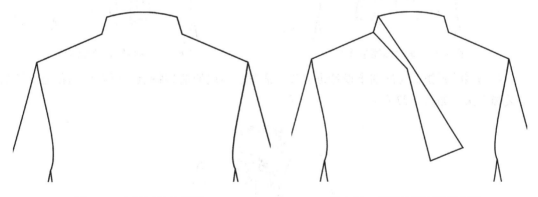

图4-21　女衬衫基本轮廓　　　　　　图4-22　蝴蝶结领飘带基本形

利用"形状工具"将这个多边形的轮廓线变为曲线，并调整出蝴蝶结领的领口形状和蝴蝶结领飘带的形状，如图4-23所示。

调整好线条后，镜像复制到另外一侧，再进行调整，如图4-24所示。

☞ **注意啦**

在对图形进行修改调整时，用"形状工具"选中要调整的图形，图形中所有的节点都会显现出来，此时用鼠标的左键框选要调整的节点后，拖曳其中的一个节点，就可以同时调整所有节点的位置，图形的形状也随之变化。此方法可以快速调整好图形。

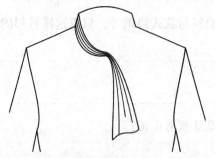

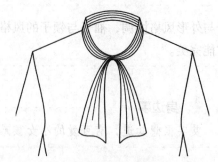

图 4-23　调整蝴蝶结领口和飘带形状　　　　　图 4-24　复制另一侧飘带

☞ **注意啦**

在进行镜像复制后，拖曳复制出的图形时，按住键盘上的〈Ctrl〉键拖曳，可以使复制对象水平移动。

运用"矩形工具"绘制领结基本形，并进行调整，如图 4-25 和图 4-26 所示。

图 4-25　画出蝴蝶结基本形　　　　　　图 4-26　调整好的蝴蝶结领

与蝴蝶结领相对应的袖子设计也应具有活泼、俏皮的造型特点，可以使用花边、抽褶等装饰手法，如图 4-27 所示。

图 4-27　蝴蝶结领衬衫的整体设计

身边事

艾芙喜欢具有运动感的罗纹领，又该怎么画呢？

三、画罗纹领衬衫

开眼界

罗纹领衬衫以针织和羊毛面料为主，在领口处以线条向外辐射状，构成领子的形状。

首先画出衬衫的基本形，如图 4-28 所示。

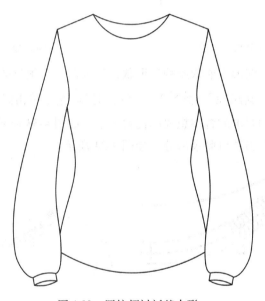

图 4-28　罗纹领衬衫基本形

☞ **注意啦**

带有罗纹领口设计的衬衫以圆领为主，造型简洁，同时，在袖口的材料运用上也以罗纹材质为主。

用"手绘工具"画出罗纹领口的基本形，如图 4-29 所示。

关键点：领口的双弧线的弧度要一致。

将弧形的领口较为均匀地分成几个等份，并做出等分线段，如图 4-30 所示。

做弧形领口的中心线，如图 4-31 所示。

选择"交互式调换工具" 🖥️ ，做线段 a 到线段 b 的交互，并调整交互后的线段间距频率 ▦️ 15 ▾▴ ，效果如图 4-32 所示。

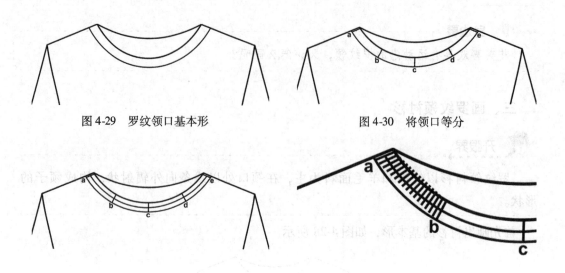

图 4-29　罗纹领口基本形　　　　　　　图 4-30　将领口等分

图 4-31　做出领口中心线　　　　　　　图 4-32　做罗纹线条

此时，做好的交互图形不能依照领口形状，放置在弧形领口的中央。如何处理呢？在工具属性栏中，选择"新路径"命令 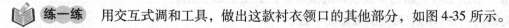，然后用鼠标左键单击弧形领口中心线，即可使交互后的图形按我们的要求放置在想要的位置上了，如图 4-33 所示。

用同样的方法，做出领口剩余部分，如图 4-34 所示。

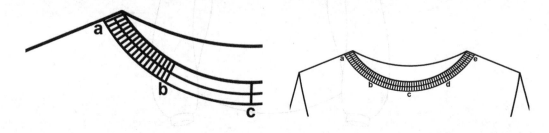

图 4-33　调整罗纹线条位置　　　　　　图 4-34　画出剩余的罗纹线条

想一想　弧形领口中心线是我们为了做出符合要求的交互图形做的一条辅助线，事实上，领口上是不会存在这条线的。请你动脑筋想一想，动手试一试，你能有几种方法去掉这条辅助线呢？

练一练　用交互式调和工具，做出这款衬衣领口的其他部分，如图 4-35 所示。

☞ **注意啦**

绘制不同弧度的罗纹领口时，弧度越大，分的等份也要越多，这样可以较好地保证绘制交互式图形的准确性。

练一练 与这种造型的领口相呼应的衬衫下摆也应该是自然随意的风格，根据你的设计经验，试试画出这种感觉吧，如图 4-36 所示。

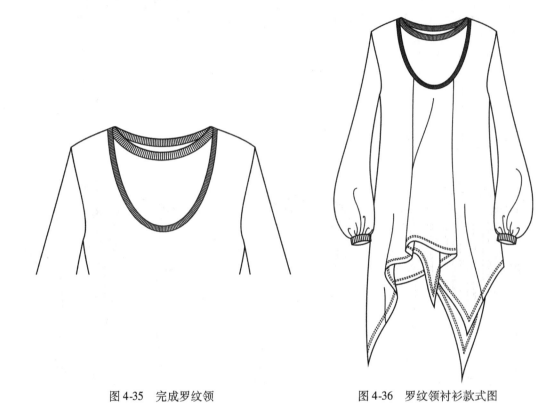

图 4-35 完成罗纹领   图 4-36 罗纹领衬衫款式图

自我测评:

◇ 临摹或者设计绘制两幅变化款的女衬衫，并指出自己作品中的流行要点，如图 4-37 和图 4-38 所示。

我的收获:

这部分我们学习到的工具和命令有：（此处写出本节学习的所有工具和命令）_____

_____

_____

我的疑惑: _____

_____

图 4-37　女衬衫款式变化（一）

图 4-38　女衬衫款式变化（二）

任务3　绘制面料并应用于衬衫设计

项目任务　使用 CorelDRAW 绘图软件中的绘图工具，设计绘制一块面料，并根据这款面料的风格特点，设计一款女式衬衫，并将此面料填充入衬衫中。

身边事

　　艾芙：今年的衬衫真的很有设计感，尤其是在领子的设计上变化很丰富。我要重点研究一下姐姐库存的面料适合设计成哪一种风格的衬衫。不如先把面料画出来吧。

　　除了前面所讲导入素材库中的面料以外，我们还可以利用 CorelDRAW 软件的一些工具来自己绘制花布面料。

　　在 CorelDRAW 中，有些工具和命令可以灵活应用，绘制出一些具有个人风格的图案，并运用在花布面料的设计中。

　　（1）菜单栏中的"文本"菜单，就可以为我们提供这种可能。

　　新建一个文档，取名为"花布面料"。打开"文本"菜单，选择其中的"插入符号字符"，打开"插入字符"泊坞窗，选择适当的代码页后，就可以选择字体 Webdings、Wingdings、Wingdings2、Wingdings3 等，如图 4-39 所示。

　　选择一个或者几个适当的图案，鼠标左键选中后，直接拖曳到工作界面中进行编辑。通过填充色彩、复制、放大或者缩小等编辑工具，就可以绘制成一块花布面料了，如图 4-40、图 4-41 和图 4-42 所示。

　　花布设计好后，我们可以将其导出为一个单独的图片，保存在素材库中，通过填充位图的形式导入到款式图中。还可以用"图框精确剪裁"的命令将面料装入款式图中。

图 4-39　"插入字符"泊坞窗

图 4-40　字符泊坞窗的图案

图 4-41　给图案添色

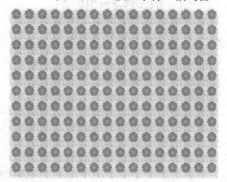

图 4-42　复制后得到的花布面料

　　首先将做好的花布调整为比填充对象略大的尺寸，并且多复制几个备用。然后在选中填充对象的情况下，在菜单栏中打开"效果"下拉菜单，选择"图框精确剪裁"→"放置在容器中"，如图 4-43 所示；鼠标箭头会变为加粗的形状，此时，只需将鼠标箭头指向填充对象，单击鼠标左键即可完成面料的填充，如图 4-44 所示。

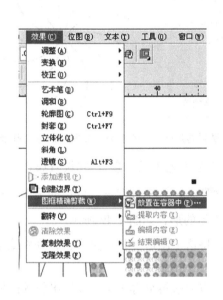

图 4-43　"图框精确剪裁"命令　　　　图 4-44　填充好面料的罗纹领衬衫款式图

　　如果将设计好的花布面料通过"图框精确剪裁"的方法填充后，发现并不符合设计要求，这时可以选中要修改的部位，打开"效果"下拉菜单，选择"图框精确剪裁"→"提取内容"，即可将填充好的面料提取出来继续编辑。

●　身边事　●

　　艾芙：原来 CorelDRAW 这个软件里还有这么好玩的内容呀，还有哪里也隐藏着可以绘制有趣图案的工具呢？

　　（2）打开工具栏中的"手绘工具"，会发现有一个"艺术笔工具" ，我们也可以用这个工具中的一些内容来设计独具特色的花纹图案。

　　首先单击"艺术笔工具" ，在工具属性栏中，会发现艺术笔工具的属性设置栏（见图 4-45），通过这些数据的选择和设置来绘制不同的图案。

图 4-45　艺术笔工具属性栏

首先用"手绘工具"绘制一条弧线，并通过双击，将中心点拖曳至线段的下端点；然后通过打开"变换"泊坞窗，选择"旋转" 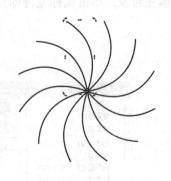，并在"角度"设置中设置适当的数值；单击"应用到再制"，如图4-46、图4-47和图4-48所示。

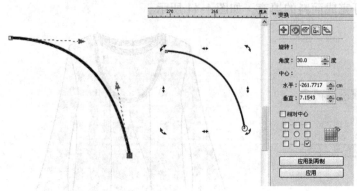

图 4-46　做花瓣的基础弧线　　图 4-47　设置花瓣旋转、复制的角度　　图 4-48　复制好的花瓣基础线

在选中这个图形的基础上，选择工具栏中的"艺术笔工具" ，并设置属性栏中的"预设"选项 。在其中的"预设笔触列表" 中挑选一个合适的笔触，并将" 1.5 cm "设置到合适的尺寸，即可得到一个新的形，如图4-49所示。

我们可以通过填色、调整大小、复制等手法，将这个图形变化得更丰富，并将之运用于设计好的服装款式中，如图4-50所示。

（3）使用"艺术笔工具"中的"喷罐"，也可以通过拆分等手法，设计出新的图形。

图 4-49　用艺术笔工具做出的花瓣　　　　图 4-50　将花朵装饰在服装上

选择"艺术笔工具"中的"喷罐"工具，在"喷涂列表文件列表"中选择一个合适的图形，按住鼠标左键在绘图页面中拖动，画出一片图案，如图4-51所示。

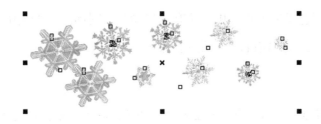

图 4-51 用喷罐工具绘制一片图案

在选中此图形的基础上，单击鼠标右键，在弹出的菜单中选择"拆分 艺术笔 群组"，将图案拆散，如图 4-52 和图 4-53 所示。

拆分图形后，选中图形中间的轴，删除，并将图形再次作"取消群组"的命令，这样我们就可以得到这组图形中任意的一个单独的图样了。通过组合、复制等手法，可以做出新的花布面料，如图 4-54 所示。

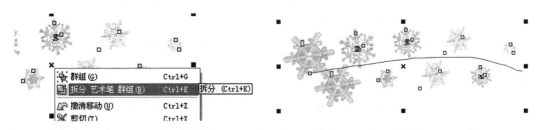

图 4-52 "拆分 艺术笔 群组"命令   图 4-53 拆散艺术笔图形

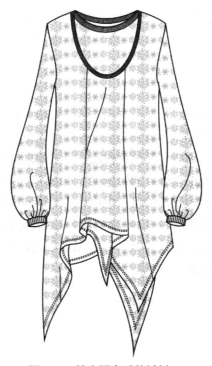

图 4-54 填充图案后的衬衫

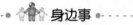 **练一练** 在"艺术笔工具"中，还有"笔刷"、"书法"、"压力"工具也可以设计图形，自己动手试试绘制富有特色的花布图案吧。

身边事

艾芙：我已经学会了很多种填充面料的方法了，我的作品会更完美了。

自我测评：

◇ 临摹或者设计绘制两幅完整的女式衬衫款式图，并指出自己作品中的流行要点。

我的收获：

在这部分我们学习到的工具与命令有：（此处列举本节学习的所有工具与命令）_____

_____

_____

_____

我的疑惑：

_____

_____

_____

_____

_____

项目测评：

1. 自评内容：你能否按时、按要求完成衬衫的绘制、设计这一工作项目？
2. 自评内容：你能否熟练掌握表格的制作和填写工作？
3. 当这一项目完成时，你能否灵活地使用学习过的设计软件中的各个工具和命令？
4. 展示内容：观赏完成的设计，能体现出当季的流行趋势吗？
5. 展示内容：评价自己和别人的设计中给你留下深刻印象的创意。
6. 自学内容：在课下分别学习 Word 文档及 Excel 表格的制作。
7. 自学内容：学习编写市场调查表，注意市场调查的侧重点。继续学习与客户沟通的方法，了解设计任务的要求。

项目 5

设计绘制时尚的职业装

项目目标 教师节就要到了，艾依的服装公司决定为母校的老师们设计制作既符合教师身份形象又充满时尚感的职业装。

任务1 了解职业装的设计手法

任务目标 在教师的指导下，初步了解什么是职业装，以及在设计时应该注意的地方。

 小辞典

职业装

职业装又称工作服，是为工作需要而特制的服装。职业装设计时需根据客户的要求，结合职业特征、团队文化、年龄结构、体型特征、穿着习惯等，从服装的色彩、面料、款式、造型、搭配等多方面考虑，提供最佳设计方案，为顾客打造富有内涵及品位的全新职业形象。

有些职业装虽然在外形上和普通的套装差别不大，但在设计时还需要特别注意以下的几点：

1. 实用性

职业装的实用性强是它区别于生活时装的最大特点。既然是从业时穿的服装，职业装必须符合特定工作的行为需要，有利于树立和加强从业人员的职业道德规范，培养敬业爱岗的精神。穿上职业装，人们就要全身心地投入工作，让每位着装员工在感到着装的舒适与方便的同时，尽心尽责，增强工作责任心和集体感。

2. 标志性

职业装的标志性旨在突出两点：社会角色与特定身份的标志以及不同行业、岗位的区别。前者如象征和平的绿色邮递员装，硕士的学位服，法官、律师的法庭着装，以及各式军装，后者如航空制服与铁路运输行业制服差别，航空制服中地勤人员与机组人员的也不同，商场的楼面经理与导购小姐的服装极易让顾客明了各自的身份，以便使顾客轻易地寻求帮助。交通公路上的交警、急修人员的反光背心，低龄学生校服上的反光条纹，增加了标志的易识别性和安全性。可归纳出的标志性作用为：树立行业角色的特定形象，便于展现企业理念和精神，利于公众监督和内部管理，并能提高企业的竞争力。

3. 艺术性

服装作为一门实用艺术，其设计的第一目的，在于用服装与饰物来美化着衣者的形态，尽显其优美的体态特征，同时弥补人体美的不足部分。职业装设计的艺术性从服装本身的感性因素看，是构成服装艺术美的造型、色彩、材料、工艺、流行等因素的综合考虑，职业装设计师需要通盘考察，研究职业着装的对象、场合、目的、职业性、心理和生理的需求，从而提出最佳的设计方案。

4. 经济性

经济耐用是设计职业装时必须要考虑到的因素。职业装的设计师也是商人，他必须对其成本核算斤斤计较，哪怕是一粒纽扣、一根绶带、一个徽章都要严格控制成本。价廉物美是大部分职业装的特点，从客户方面来讲，定制职业装的费用是事先预算好的；从设计制作方面来说，它也不可能像过季的时装那样大幅打折，必须保证其基本的下限利润。因此，在保证质量要求的前提下，应尽可能地价格合理，一衣多穿，减少使用企业与服装企业本身的负担和成本。

任务2　学习女式西服外套的设计与绘制

任务目标　在掌握了职业装的设计要点的基础上，绘制女式西装外套。

一、设置辅助线和轮廓线

根据款式要求设置女式西服的辅助线和轮廓线，如图 5-1 所示。

女式西服外套设计要突出简洁、硬朗，这已成为职业女性的标志穿着。

二、画出驳领和门襟

在职业装的设计中，驳领的设计很重要。

 **小辞典**

驳领

驳领又称翻驳领。它由领座、翻领、驳头三个部分组成。在设计上，通常也是通过这三个部分的造型变化来完成。由于西装式上衣大都采用翻驳领，所以人们习惯地称它为西装领，这种领型的领子和驳头连接在一起，服装行业习惯地把翻过的部分上部称为领子，下部称为驳头。领子和驳头的结合缝称为穿口（串口），驳头与衣身翻出的边称为驳口。这种领型是款式变化最多的一种，衬衫、上衣、连衣裙和大衣也可采用它。

（1）在绘制驳领之前，还是先要设置两条辅助线。线①是搭门线，线②为根据设计要求设计的驳领结束的位置，如图 5-2 所示。

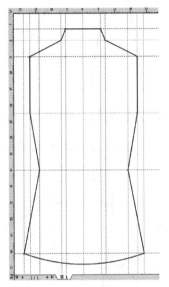

图 5-1　女式西服外套辅助线及轮廓线

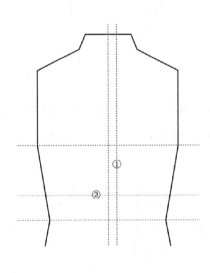

图 5-2　设置驳领辅助线

（2）用"手绘工具"，通过增加节点，绘制出驳领的基本造型，如图 5-3 ~ 图 5-7 所示。

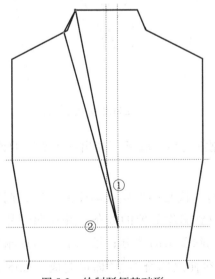

图 5-3　绘制驳领基础形

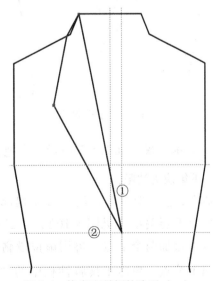

图 5-4　拖曳出驳领的造型（一）

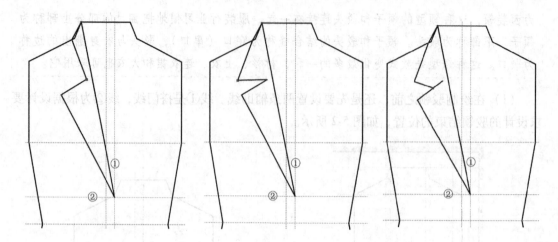

图 5-5　拖曳出驳领的造型（二）　图 5-6　拖曳出驳领的造型（三）　图 5-7　拖曳出驳领的造型（四）

（3）通过调整曲线，调整驳领造型，并复制出另一侧领片，如图 5-8 和图 5-9 所示。

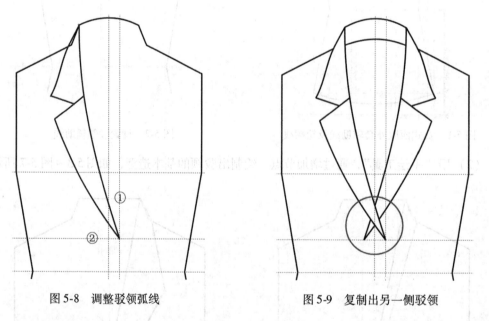

图 5-8　调整驳领弧线　　　　　　　图 5-9　复制出另一侧驳领

📖 **练一练**　　如图 5-9 所示，当把领片复制好之后，驳领下端出现了交叉的情况。尝试一下解决方法吧。

解决方法：第一步，用在 A 字裙部分学习过的调整图像层次顺序的方法，调整好驳领的上下层关系（见图 5-10）；第二部，选中要删除部位的线条，并在两领片的交叉点双击增加两个节点，再用虚拟段删除工具删除多余的部分；第三部，框选刚才增加的两个节点，单击工具属性栏中的"延长曲线使之闭合" 🖼️ 即可完成，如图 5-11所示。

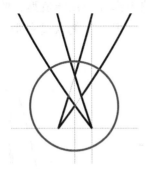 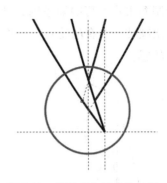

图5-10　设置好驳领的上下层关系　　　　　图5-11　删除多余部分并封闭

完成后的驳领如图5-12所示。

图5-12　驳领完成图

三、画出与衣身造型协调的袖子

袖子也是女式职业装设计中重要的部件，它会对款式的整体造型产生一定的影响，但在成衣的设计中，还要和衣身的造型设计风格相协调。袖子的设计包括了袖山、袖身和袖口设计三个部分。在袖山的设计上主要强调圆装袖的造型，这也是和衬衫袖子最大的区别。

 小辞典

圆装袖

　　圆装袖也称西装袖，结构上多为两片袖，袖山较高，袖身造型贴体、美观，能很好地体现出职业女装干练的风格。

在绘制西服式外套的袖子时，要特别注意处理好袖山部分的弧线造型，要略向上弧起，塑造出圆装袖应有的特点，如图 5-13 ~ 图 5-16 所示。但又不能太过夸张，画成衬衫中泡泡袖的感觉。

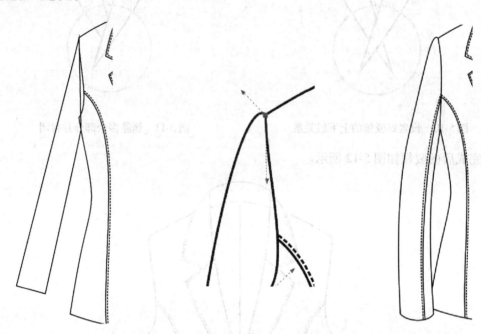

图 5-13　用直线画出袖子　　图 5-14　调整出圆装袖特有的袖山形状　　图 5-15　圆装袖

图 5-16　女士西服式外套完成图

根据基本驳领的绘制方法和步骤，可以绘制出各种造型设计的款式。

◇ 临摹或者设计绘制两幅变化款的女式西服，并指出自己作品中的流行要点，如图 5-17 和图 5-18 所示。

图 5-17　女士西服外套款式变化（一）

图 5-18　女士西服外套款式变化（二）

 **我的收获：**

在这部分我们学习到的工具与命令有：（此处列举本节学习的所有工具与命令）＿＿＿＿

＿＿＿＿＿＿＿＿＿＿＿＿＿＿＿＿＿＿＿＿＿＿＿＿＿＿＿＿＿＿＿＿＿＿＿＿＿＿＿

 **我的疑惑：**

＿＿＿＿＿＿＿＿＿＿＿＿＿＿＿＿＿＿＿＿＿＿＿＿＿＿＿＿＿＿＿＿＿＿＿＿＿＿＿

＿＿＿＿＿＿＿＿＿＿＿＿＿＿＿＿＿＿＿＿＿＿＿＿＿＿＿＿＿＿＿＿＿＿＿＿＿＿＿

任务3 给职业装进行装饰

项目任务 用软件中特有的工具，做些特殊的效果，装饰一下职业装。

身边事

　　艾依作为一个服装公司的副总，工作时总是穿着职业套装，不过她希望自己的形象能更时尚些，而又不失副总的身份。

　　面料是服装的载体，是构成服装美的重要元素。在款式图中形象逼真地再现面料的质感非常重要。在CorelDRAW软件中可以通过导入素材库中保存的面料样本，也可以使用CorelDRAW软件对设计图进行模仿面料的绘画。在这部分，我们利用CorelDRAW软件带有的工具来进行简单面料的设计，并填充到设计图中。

　　为感觉上比较刻板的职业装配置一些有趣的面料会让整个造型风格活泼起来。前面曾经学习过印花、牛仔等面料的绘制，还能用CorelDRAW绘制什么面料呢？

一、粗花呢面料

　　应用粗花呢面料设计的套装，可以赋予细腻阴柔的女装一些粗犷的味道。夏奈尔女装设计中常会使用这种面料，表现出了女性美的另一面。与粗花呢相搭配的服饰配件也以体积感较大的皮革、金属材质等为主。

　　使用CorelDRAW软件绘制粗花呢面料，要首先选择一款适合的服装款式。由于粗花呢材质较为稀疏，因此不适用于紧身的款式。

　　选择设计好的服装款式，填充一个黑色（见图5-19），打开菜单栏中的"窗口"选项，选择泊坞窗中的"位置"，打开窗口后，单击"应用到再制"。这样，就复制出来一个完全相同的图形，给这个新图形填充一个较浅的颜色，如图5-20所示。

　　在这个浅色的图像被选中的状态下，单击工具箱中的"交互式透明工具" 🔧，在工具属性栏的"编辑透明度"中，进行"透明度类型"的选择。选择"位图图样"中的花样作为花呢的纹理效果，如图5-21和图5-22所示。填充后的效果如图5-23所示。

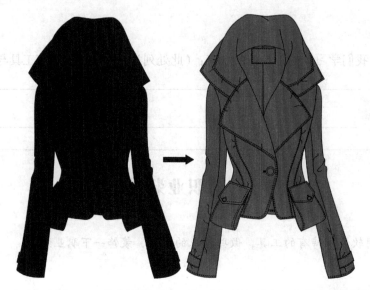

图 5-19　填充深色　　　　　　图 5-20　填充一个较浅的颜色

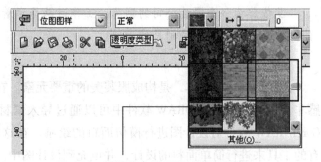

图 5-21　设置浅色图形的透明类型　　　　图 5-22　设计浅色图形的透明纹理效果

调整补充一下图样中的细节部分。

首先，将服装图形的里料和商标填充上合适的颜色，如图 5-24 所示。

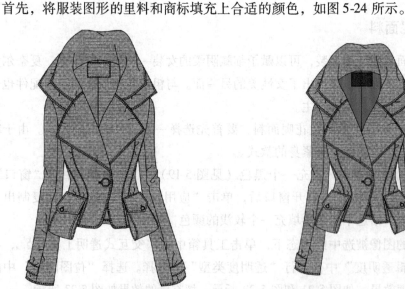

图 5-23　设置好的纹理效果　　　　　　图 5-24　给里料和商标填充颜色

自我测评：

◇ 用同样的方法，试试还能做出哪种面料的效果？

我的收获：

在这部分我们学习到的工具与命令有：（此处列举本节学习的所有工具和命令）_____

_____

我的疑惑：_____

_____

二、导入一个图案作为服装的商标（见图 5-25 和图 5-26）

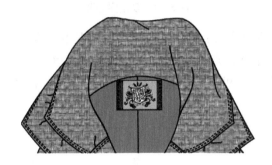

图 5-25　导入商标图案

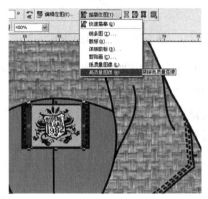

图 5-26　选中此图案执行"跟踪高质量图像"命令

导入的图案有不协调的底色，可以使用"编辑位图"工具将底色去掉，如图 5-27 和图 5-28 所示。

图 5-27　去掉图案的底色

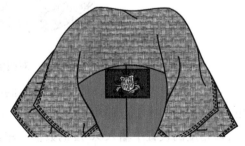

图 5-28　商标效果

三、绘制纽扣

纽扣是服装中不可缺少的附件，除了具有扣紧、固定服装的实用功能外，还有装饰的作用。制作纽扣的材质丰富，有塑料、木头、金属、贝壳、骨头等，而纽扣的种类也很丰富，根据用途不同分为按扣、搭扣、四合扣等。

根据这款服装的样式，选择了4孔式样直径为3.5cm的纽扣。

用"椭圆形工具"绘制一个正圆，填充适当的颜色之后，打开泊坞窗，执行"变换"→"大小"→"应用到再制"命令，复制出一个较小的同心圆，如图5-29和图5-30所示。

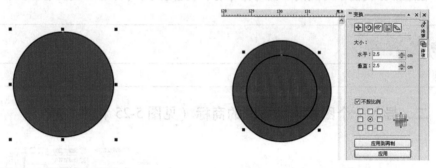

图 5-29　绘制纽扣外形　　　　　　　　　　　　图 5-30　复制同心圆

我们将这个小圆与大圆修剪成一个圆环。制作方法：在小圆被选中的情况下，执行泊坞窗中的"造型"命令。单击"修剪"，在鼠标处于被修剪对象的状态下，单击大圆，即可完成修剪，如图5-31所示。检查是否完成修剪，可以选中其中一个对象，用鼠标移动，如可看到圆环，即完成修剪命令。

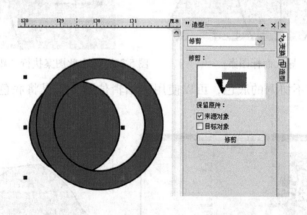

图 5-31　对图像进行"修剪"命令

在纽扣上设置辅助线，使交点处于纽扣的中心。绘制一个小圆形作为一个扣眼，双击扣眼，将扣眼的中心点移动到纽扣的中心。执行泊坞窗中"变换"→"旋转"命令，并在旋转角度的设置中输入90度的数值，单击3次"应用到再制"，即可获得均匀分布的四个扣眼。并使用"修剪"命令将扣眼挖空，如图5-32和图5-33所示。

为了使纽扣看起来具有立体感，可以使用工具栏中的"渐变填充"对话框制作效果，如图5-34和图5-35所示。

将绘制好的纽扣放置到服装适合的位置，再加上缝线以及纽扣下面阴影的修饰，如图5-36所示。

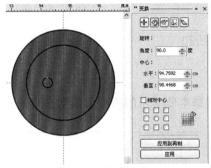

图 5-32　绘制扣眼

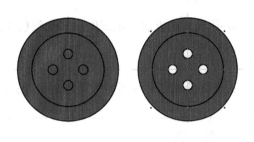

图 5-33　绘制好的扣眼

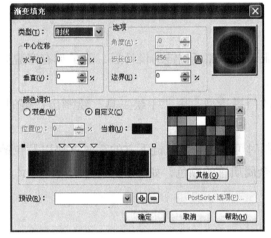

图 5-34　在"渐变填充"对话框中对纽扣进行立体效果设置

图 5-35　纽扣的完成效果

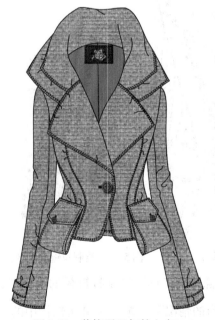

图 5-36　装饰了纽扣的上衣

自我测评:

◇ 用同样的方法，试试做出其他颜色和形状的纽扣。

我的收获:

在这部分我们学习到的工具与命令有：（此处列举本节学习的所有工具与命令）＿＿＿＿

_____

我的疑惑:＿＿＿＿＿＿＿＿＿＿＿＿＿＿＿＿＿＿＿＿＿＿＿＿＿＿＿＿＿＿

_____

四、绘制拉链

拉链在服装中的应用也非常广泛，服装中增加了拉链的设计后，除了具有穿脱方便的实用功能外，还会添加休闲运动的风格。

首先，根据设计要求设计适合拉链的门襟造型，用"手绘工具"绘制出拉链的基布，如图 5-37 所示。

本款式使用的拉链为金属材质。绘制时可以先绘制拉链下方的金属方块以及拉链的插销，并用"渐变填充"对话框填充接近金属质感的颜色，如图 5-38 和图 5-39 所示。

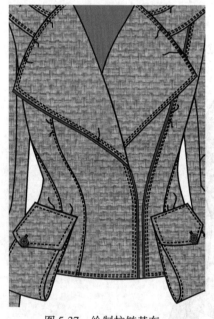
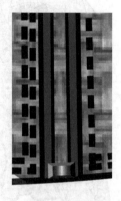
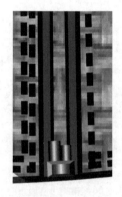

图 5-37　绘制拉链基布　　　图 5-38　绘制拉链底端部件　　　图 5-39　绘制拉链插销

用"矩形工具"和"椭圆形工具"绘制拉链牙的基础形，并使用"形状工具"调整造型。在同时选中两个图形的情况下，单击工具属性栏中的"焊接工具" ，即可将两个图形焊接为一个封闭的图形，如图 5-40、图 5-41 和图 5-42 所示。

图 5-40 绘制拉链牙步骤一

图 5-41 绘制拉链牙步骤二

图 5-42 绘制拉链牙步骤三

将单个的拉链牙放置于拉链恰当的位置上，并复制另外一个，将两个拉链牙群组，如图 5-43 所示。

在工具箱中打开"吸管工具" 后，在拉链插销上单击鼠标左键，而后选择"颜料桶工具"，在拉链牙上单击鼠标左键，即可填充上与之前绘制出来的金属部件相同的色彩，如图 5-44 所示。

图 5-43 一组放置好的拉链牙

图 5-44 给拉链牙上色

执行泊坞窗中的"变换"→"位置"命令，单击"应用到再制"按钮，复制拉链牙，直到合适的位置，如图 5-45 所示。

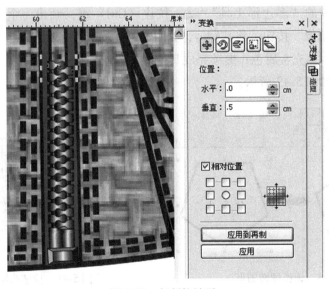

图 5-45 复制拉链牙

拉链的上半部分是敞开的，因此在绘制时有所不同。

将绘制好的左侧的一个单独的拉链牙复制一个，并移动到拉链的顶端位置，并使用"交互式调和工具"复制拉链牙，将拉链牙的步数调整到合适的密度 ；单击工具属性栏中的"路径属性"图标，在其下拉菜单中选择"新路径"选项，单击拉链基布（见图5-46），一条顺着路径均匀分布的拉链条便绘制完成了。用同样的方法，绘制其他部分的拉链，如图5-47所示。

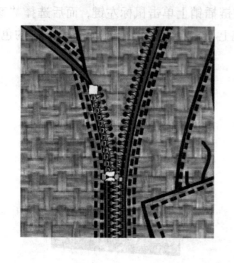

图5-46　用"交互式工具"复制分开的拉链牙

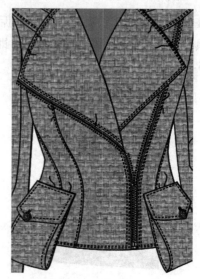

图5-47　拉链牙完成效果

拉链头不仅是拉链的组成部件，同时也是重要的装饰部位，可以利用各种绘图工具来进行设计和绘制。

使用工具箱中的"多边形工具" ，按住〈Ctrl〉键，画出一个正五边形；单击工具属性栏中的"镜像"按钮，将其翻转，如图5-48所示。

调整造型后，填充金属色；继续完成其他部件绘制。执行"造型"→"修剪"命令，修饰拉链头细节如图5-49所示。

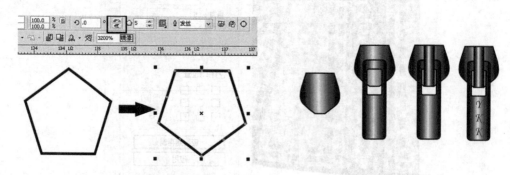

图5-48　镜像翻转图形　　　　　　　图5-49　拉链头绘画步骤

拉链头绘制完成后，放置在拉链上，调整好大小，如图5-50和图5-51所示。

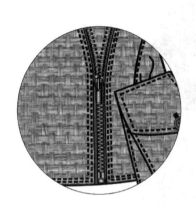

图 5-50 放置好的拉链头   图 5-51 装好拉链的外套

◇ 用同样的方法，试试还能做出什么样的拉链？

在这部分我们学习到的工具与命令有：（此处列举本节学习的所有工具与命令）＿＿＿＿

＿＿

我的疑惑：＿＿＿＿＿＿＿＿＿＿＿＿＿＿＿＿＿＿＿＿＿＿＿＿＿＿＿＿＿＿＿＿＿＿

＿＿

五、裘皮装饰

 开眼界

> 裘皮是女装设计中常用的服装面料。裘皮按照毛针的长度可分为长毛类皮毛和短毛类皮毛，还可根据不同的取材，分为狐狸毛、貂毛、獭兔毛等种类。无论怎样划分，裘皮这种面料的视觉特点是高贵华丽、色泽柔和。在设计图中如要使用裘皮材质，一般可采用位图图样导入的方法，也可以利用 CorelDRAW 软件的绘图工具和命令来模仿出裘皮的效果。

首先用"手绘工具"绘制出封闭的皮毛轮廓，并填充皮毛的颜色，如图5-52所示。

图5-52 画出装饰裘皮的轮廓

在选中图形的情况下，打开工具箱中的"形状工具"，选择其中的"毛糙笔刷"工具，设置好笔刷的数值后，当鼠标成为一个小圆时，按住鼠标的左键，刷图形的边缘，使之成为不规则的毛边效果。注意要做出不规则的效果，如图5-53所示。

再将图形轮廓线设置为"透明"后，单击菜单栏中的"位图"，打开下拉菜单，选择"转换为位图"，如图5-54所示。

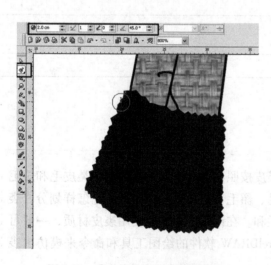

图5-53 裘皮的边缘为不规则形状

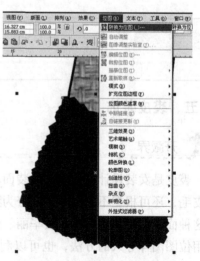

图5-54 将图形转换为位图

当图形转换为位图后，再次打开"位图"下拉菜单，这次选择"扭曲"，执行"涡流"命令。在"涡流"对话框中设置好数值后，可以预览下最终的效果，满意后单击"确定"即可，如图 5-55、图 5-56 和图 5-57 所示。

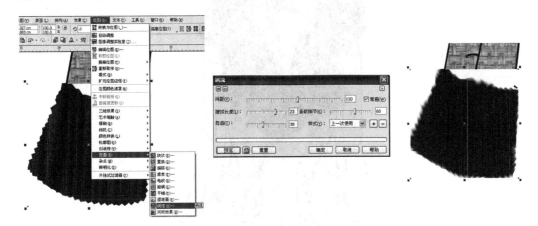

图 5-55　将位图图形执行涡流效果命令　　图 5-56　调整涡流效果的参数　　图 5-57　调整好的裘皮效果

　　我们做出的裘皮效果因为是位图格式，因此有个白色的底色。在前面的学习中，曾经学习过用"描摹位图"的命令去除底色，但这种方法在这里并不适用。这里可以使用"位图颜色遮罩"命令。

　　在选择了要编辑的位图后，再次打开"位图"菜单，选择"位图颜色遮罩"命令，在打开的泊坞窗中，使用"颜色选择"工具，选择"隐藏颜色"，单击"应用"。结果为白色的颜色区域被隐藏。在"容限"的选择上，数值越大，隐藏的颜色越干净，如图 5-58 和图 5-59 所示。

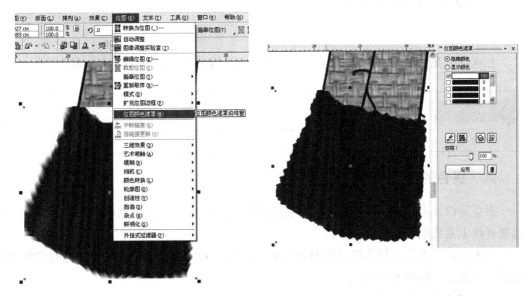

图 5-58　对裘皮位图执行"位图颜色遮罩"命令　　　图 5-59　将位图的白色隐藏

　　服装其他部位的装饰裘皮也是同样做法，如图 5-60 所示。

图 5-60　装饰了裘皮的外套

 自我测评：

　　◇ 尝试用其他方法表现裘皮效果。

 我的收获：

　　在这部分我们学习到的工具与命令有：（此处列举本节学习的所有工具和命令）＿＿＿＿

_____

我的疑惑：_____

_____

六、拼色的表现方法

　　在女装设计中，拼色的设计、面料拼接的设计很常见。丰富的色彩和材质的变化，可以更好地丰富我们的设计。

　　首先绘制一件款式较为简单的西装外套。特别提示：将要设计分割为拼色的部位保证是封闭的图形，如图 5-61 所示。

　　使用工具箱"剪切工具"中的"刻刀工具" ✐ ，可以将一个封闭的图形切割成任意形状的两个封闭的图形。把"刻刀工具"放到对象轮廓上，当"刻刀工具"立起来时单

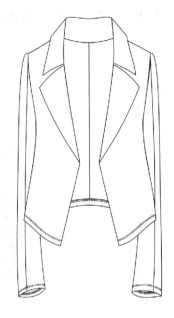

图 5-61 准备分割的外套

击一下再拖到另一边轮廓单击，是以"直线的方式切割"；如果一直按着鼠标拖动就是以
"自由形状切割"。切割出来的新的轮廓线，也可以用"形状工具"进行编辑，如图 5-62
所示。

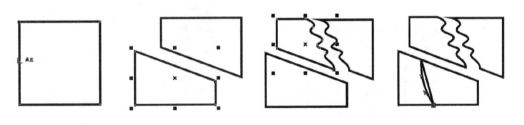

图 5-62 "刻刀工具"的分割效果

利用"刻刀工具"在服装中刻画出分割线，并用"形状工具"进行形状的调整，
如图 5-63 所示。

进行了分割后的服装，因为每个分割出来的都是封闭的图形，就可以填充任意的色彩
了，如图 5-64 所示。

色彩可以拼接，面料也可以进行拼接设计。这次，我们将利用条绒面料特有的条纹特
征，通过不同方向条纹的拼接，来组成更丰富的视觉效果。给服装添加条绒面料，可以通
过位图导入的方法，也可以利用 CorelDRAW 工具绘制出来。

绘制条绒面料，先用"矩形工具"绘制出一个长方形，作为面料的一个条纹。选择
"渐变填充工具"，填充有明暗过渡的面料色彩。使用"交互式调和工具"通过改变"步
长"，构成初步的条绒图形，如图 5-65 所示。

在选中条绒基础造型的情况下，将其"转换为位图"。然后再选择执行"位图"→

"杂点" → "添加杂点" 命令，弹出 "添加杂点" 对话框，设置好参数后，单击 "确定" 按钮，如图 5-66 和图 5-67 所示。

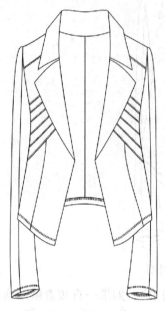

图 5-63　用 "刻刀工具" 对外套进行分割

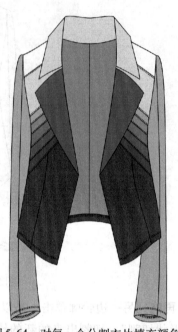

图 5-64　对每一个分割衣片填充颜色

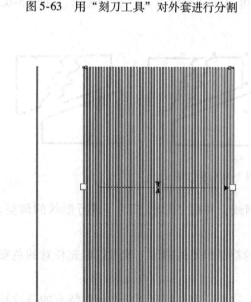

图 5-65　条绒的基础造型

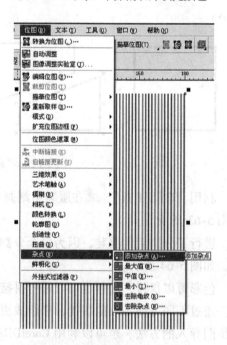

图 5-66　给条绒位图添加杂点效果

再次选择 "位图" 菜单，使用 "模糊" 命令中的 "高斯式模糊" 命令，弹出 "高斯式模糊" 对话框，设置好参数后，单击 "确认" 按钮，条绒面料效果即可完成，如图5-68 和图 5-69 所示。

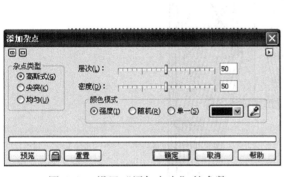

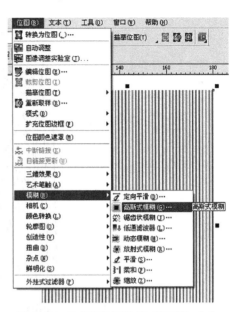

图 5-67　设置"添加杂点"的参数　　　　　图 5-68　对条绒位图执行"模糊"命令

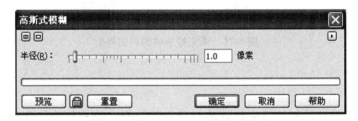

图 5-69　设置"高斯式模糊"参数

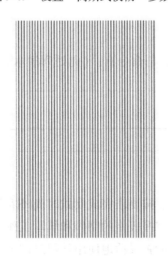

图 5-70　条绒面料效果

　　将条绒、条纹等有走向感图案的面料应用于设计中时，要对其条纹的方向作特别的摆放。因此，在将面料装入服装款式图时，要先对面料进行旋转，调整出合适的角度后，再装入款式图中，如图 5-71 所示。使用"图框精确剪裁"命令，将面料填充到图形中。

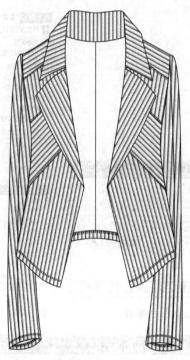

图 5-71 填充好条绒面料的外套

 自我测评：

◇ 临摹或者设计绘制两幅变化款的时尚女装外套，填充较为特殊的面料效果，并指出自己作品中的流行要点。

 我的收获：

在这部分我们学习到的工具与命令有：（此处列举本节学习的所有工具与命令）_____

_____

我的疑惑：

_____

_____

项目测评：

1. 自评内容：你能否按时、按要求完成女式时尚外衣的绘制、设计这一工作项目？
2. 自评内容：你能否熟练掌握表格的制作和填写工作？
3. 当这一项目完成时，你能否灵活地使用学习过的设计软件中的各个工具和命令？
4. 展示内容：观赏完成的设计，能体现出当季的流行趋势吗？
5. 展示内容：评价自己和别人的设计中给你留下深刻印象的创意。
6. 自学内容：学习编写市场调查表，注意市场调查的侧重点。继续学习与客户沟通的方法，了解设计任务的要求。

实 训 篇

项目 6

设计绘制浪漫一身新娘装

项目目标 为艾依设计一款独具特色的新娘礼服。

任务1　学习连衣裙的设计方法并对连衣裙的流行趋势进行调查与研究

项目任务 在教师的指导下，学习、收集、整理连衣裙的流行趋势信息，并分析当季流行的设计元素有哪些。

开眼界

　　连衣裙是女装设计中应用最为广泛的服装款式，是由衬衫式的上衣和各类裙子相连接成的连体服装样式。连衣裙款式种类繁多，有长袖的和短袖的，有领式的和无领式的，高腰的和低腰的各种式样变化。连衣裙的外形对着装者的整体风格影响较大，如：A型的活泼、H型的稳重大方、X型的华丽、V型的职业等。因此，连衣裙的设计首先要从外形入手，然后再考虑局部的细节。在绘制连衣裙时同样也要遵循这个规则，先画轮廓，再绘制内部装饰。

　　如果为具体的客户进行设计，要考虑穿着者的体形、气质、着装场合等因素；如果是针对消费市场进行成衣设计，要更多地考虑当时、当地的流行趋势和消费习惯。

在设计连衣裙的细节时，要注意使局部与局部之间、局部与整体之间的比例、风格、形态、色彩以及工艺手法相协调。

任务 2 学习绘制连衣裙

连衣裙是上衣与裙直接相连的一类服装，因此绘制款式图时所用的相关尺寸和比例，也要参考前面所学的上衣和下衣的尺寸和比例，例如，肩宽、胸围、领口宽、领深、袖笼深、背长、腰围、臀围、裙长、袖长等。有了前面的学习经验，这一部分的也就没那么困难了。

一、根据设计要求绘制一款特别具有女性化风格的 X 型连衣裙（见图 6-1）

在绘制这幅图时，我们使用的都是常用工具，因此并无太大难度。关键在于要准确地表达出设计要求中的比例关系。另一方面，女性化风格的连衣裙所使用的面料一般较为飘逸柔软，因此款式图的线条要以曲线为主，以体现出特有的优雅风格。

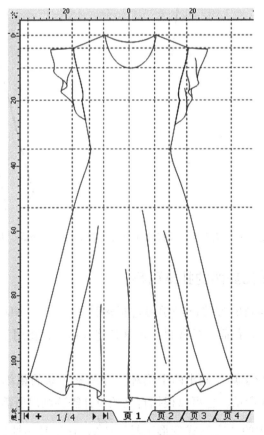

图 6-1 连衣裙基础造型

在表现款式图的衣纹线时，有时可以将均匀的线条绘制成有粗细变化的手绘式线条。在选中已画好的衣纹线后，打开工具箱中的"艺术笔工具" ，在属性栏中，设置好艺术笔宽度和预设笔触的样式，如图6-2所示。

图 6-2 "艺术笔工具"属性栏

这时，所选线条的外形已经发生了改变，并将其填充为黑色，如图6-3和图6-4所示。用同样的方法对其他的衣纹线进行设置，如图6-5所示。要注意：在模仿手绘效果时，笔触的粗细程度和式样要根据实际手绘的特点来进行设置，灵活应用。模仿手绘效果的线条可以使款式图更具有艺术感，适合绘制图册、招贴画，时装画等。

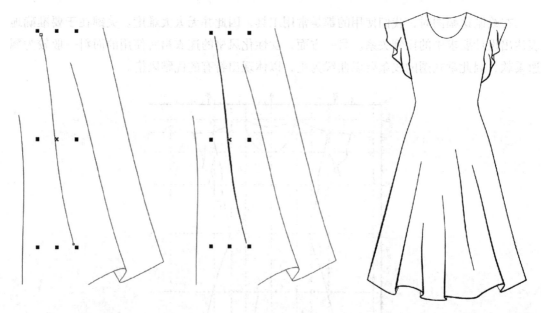

图 6-3 画出衣纹线　　图 6-4 将衣纹线设置为粗细线　　图 6-5 用粗细线表现的连衣裙款式

二、给连衣裙填充美丽的扎染面料

给服装填充花色面料的方法已经学习过很多种了，在 CorelDRAW 中，还可以利用很多工具和命令来模仿出印花面料的效果。在这条连衣裙中，将用工具来绘制模仿扎染效果的面料。

（1）先用"椭圆形工具"画出两个圆环，并调整线条的粗细程度，成为简单的扎染图形的雏形，如图6-6所示。也可以根据自己的设计需要画出所需图形。

（2）打开工具箱中的"交互式变形工具" ，在工具属性栏选择"拉链变形工具" ，鼠标拖曳图形至理想状态，如图6-7所示。

图 6-6 扎染图形的雏形

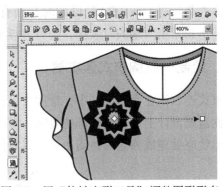

图 6-7 用"拉链变形工具"调整图形形态

（3）打开工具箱中的"交互式阴影工具" ，在工具属性栏中设置阴影类型，并选择阴影的颜色。颜色的选择要与服装色彩协调。同时可以根据需要设置阴影的透明度和羽化度 ，羽化值越大色彩边缘越柔和，透明数值越小透明度越大，就像水彩晕染效果，如图 6-8 和图 6-9 所示。

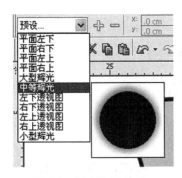

图 6-8 选择阴影效果

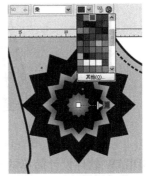

图 6-9 选择阴影色彩

（4）拉出阴影后，在阴影上点右键，选"拆分阴影"，将图形和阴影分开，然后删除图形，保留阴影，如图 6-10 所示。扎染面料连衣裙最终效果如图 6-11 所示。

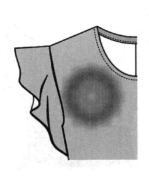

图 6-10 拆分阴影后的扎染图形效果

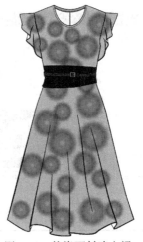

图 6-11 扎染面料连衣裙

很多人都觉得 CorelDRAW 画的时装画有点死板，如果用这种分离阴影的方法可以尝试画一些水彩晕染效果的时装画，会有意想不到的收获。

三、绘制一款胸衣式连衣裙

胸衣式连衣裙在女装设计中，常用来设计礼服类的裙装，这种连衣裙的胸部常加有胸垫，因此造型设计上要强调胸部的装饰。常用的装饰手法有刺绣、拼接等。注意：连衣裙的罩杯形状应处理成独立的封闭图形，以方便编辑，如图 6-12 所示。

图 6-12　胸衣式连衣裙基本形

利用 CorelDRAW 软件设计简单的装饰图案在前面曾经学习过，按照下面绘制的连衣裙胸部造型样式，自己设计一个装饰图案吧。

因为罩杯不是平面的，为了营造出立体的视觉效果，可以利用"渐变填充"工具来描绘简单的明暗效果，如图 6-13 和图 6-14 所示。

图 6-13　设置罩杯的明暗过渡

图 6-14　罩杯的明暗效果

利用 CorelDRAW 软件设计简单的装饰图案在前面曾经学习过,按照下面绘制的连衣裙胸部造型样式(见图6-15),自己设计一个装饰图案吧!

图 6-15 用图案装饰胸衣

为了表现更突出的立体效果,可以利用"球面"工具来处理。

在选中其中一个罩杯及其图案并群组后,将其转换为位图,如图 6-16 所示。选择菜单栏中的"位图"菜单,选择"三维效果"命令中的"球面"效果命令,如图6-17所示。

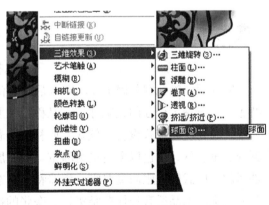

图 6-16 将罩杯部分转换为位图   图 6-17 将位图设置为"球面"效果

这样处理后,罩杯的花纹更具有立体感。比较一下效果,左罩杯作过处理,右罩杯未处理,如图 6-18 所示。完成的胸衣式连衣裙款式图如图 6-19 所示。

女式礼服的种类非常多,根据场合的不同,可以分为小礼服、晚礼服、婚礼服等。

利用 CorelDRAW 其他工具可简单添加图案生成面的效果（见图 6-18），然后下面进行图案填充面料质感（见图 6-15），效果（见图 6-18）分析前面查看了。

图 6-18　球面效果与平面效果的比较　　　　图 6-19　胸衣式连衣裙款式图

 开眼界

女式礼服

晚礼服：晚礼服是晚上 20:00 以后穿着的正式礼服，是女士礼服中档次最高、最具特色、充分展示个性的礼服样式，又称夜礼服、晚宴服、舞会服。它产生于西方社交活动中，是在晚间正式聚会、仪式、典礼上穿着的礼仪用服装。裙长长及脚背，面料追求飘逸、垂感好，颜色以黑色最为隆重。晚礼服风格各异，西式长礼服袒胸露背，呈现女性风韵；中式晚礼服高贵典雅，塑造特有的东方风韵；还有中西合璧的时尚新款。与晚礼服搭配的饰品适宜选择典雅华贵、夸张的造型，凸显女性特点。

小礼服：是在晚间或日间的鸡尾酒会、正式聚会、仪式、典礼上穿着的礼仪用服装。裙长在膝盖上下 5cm，适宜年轻女性穿着。与小礼服搭配的饰品适宜选择简洁、流畅的款式，着重呼应服装所表现的风格。

短裙套装礼服：是职业女性在职业场合出席庆典、仪式时穿着的礼仪用服装。短裙套装礼服显现的是优雅、端庄、干练的职业女性风采。与短裙套装礼服搭配的饰品体现的是含蓄庄重，以珍珠饰品为首选。

婚礼礼服：婚纱礼服是结婚仪式及婚宴时新娘穿着的西式服饰，婚纱可单指身上穿的服饰配件，也可以包括头纱、捧花的部分。婚纱的颜色、款式等要根据文化、宗教习俗以及时装潮流等因素进行设计。婚纱来自西方，有别于以红色为主的中式传统裙褂。

四、设计绘制由多层轻薄面料组成的小礼服

在礼服的设计中，轻薄甚至是透明的面料应用很广泛，飘逸的、若隐若现的美感更增加了迷人的风情。

透明质感的表现在前面也曾经涉及过，尝试在一条普通的连衣裙上，装饰多层透明质地的面料，就可以将它变化为一件小礼服。

（1）画出小礼服的构思，如图 6-20 所示。

（2）填充与服装相协调的颜色，如图 6-21 所示。

（3）根据每片裙片的方向，运用"交互式透明工具"对每一片进行线性拖曳，直到达到最佳的轻薄透明的面料层叠效果，如图 6-22 所示。

（4）除了可以填充纯色外，还可以通过透明属性的设置，填充更丰富的透明面料效果，如图 6-23 和图 6-24 所示。

图 6-20　小礼服透明　　　　图 6-21　给裙摆填充颜色　　图 6-22　将裙摆设置为透明效果
　　　　　裙摆基本造型

图 6-23　透明属性栏

图 6-24　用透明底纹表现的透明面料效果

五、设计一款用漂亮的蕾丝面料制作的婚纱

蕾丝面料花纹细腻，外观华丽，是在婚纱设计中最常用的面料，可以将外形简单的连衣裙变化成每个女孩儿心中的梦想。在绘制中，除了用位图导入的方法填充面料外，同样可以用 CorelDRAW 软件中的工具模仿蕾丝的效果。

（1）画出婚纱的基本款式，如图 6-25 所示。

（2）表现蕾丝效果的方法有很多种，先来用熟悉的"交互式透明工具"来绘制。首先在需要添加的裙摆上填充蕾丝的颜色，例如，白色、粉色等和衣身色彩协调的颜色，如图 6-26 所示。

（3）打开工具箱中熟悉的"交互式透明工具"，在属性栏中，选择"底纹"透明填充，再选择理想的填充图形，即可完成蕾丝效果的绘制，最后绘制出裙摆上的衣纹线，如图 6-27 所示。

图 6-25　婚纱的基本款式

图 6-26　填充蕾丝的颜色

图 6-27　用透明底纹表现蕾丝效果

（4）另一种绘制蕾丝的方法是使用"填充工具"中的"PostScript 填充工具" 。PostScript 填充工具是 CorelDRAW 中特有的填充工具。系统库里提供的 PostScript 填充对话框中的图案，分为有色和无色、镂空和实地不同种类，可以满足不同的填充要求。本节就是利用其中的镂空图案来模仿蕾丝效果。

在选中要填充的裙片情况下，打开工具箱中的"填充工具"，选择"PostScript 填充工具"，出现"PostScript 填充工具"对话框。勾选预览，选择理想图形后，单击"确定"按钮，如图 6-28 和图 6-29 所示。

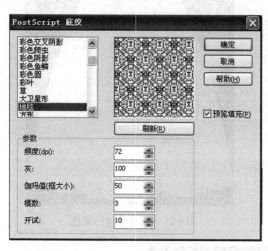

图 6-28 "PostScript 填充工具"对话框　　　图 6-29 用"PostScript 填充工具"填充蕾丝面料

修改 PostScript 里的图案，必须先将其转换为位图后，才能进行编辑。转换为位图后，执行位图菜单中的"模式"命令中的"黑白"命令，并进行线条图设置，如图 6-30 ~ 图 6-33所示。

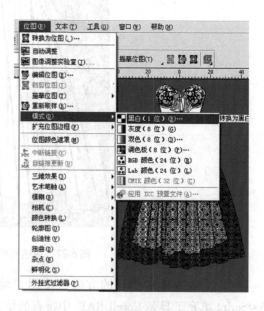

图 6-30 将蕾丝面料转换为位图　　　　　　图 6-31 将蕾丝位图转换为黑白效果

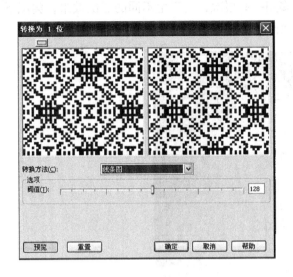

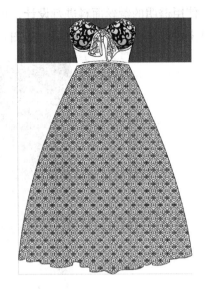

图 6-32　转换为黑白对话框　　　　　　　图 6-33　转换后的蕾丝效果

进行"黑白"命令设置为线条图后，画面出现了难看的白底。可以在执行完此命令后，在工作页面的右下角将图案的填充色改为"透明"，将轮廓色改为蕾丝面料的颜色；也可在选中对象的情况下，直接单击调色板进行色彩修改，即可得到理想的效果，如图 6-34 和图 6-35 所示。

图 6-34　去除白底色　　　　　　　　　图 6-35　蕾丝裙摆

　　使用透明的蕾丝面料进行设计，可以多用一些层次，会产生不同的层次效果，尝试下自己来设计华丽的蕾丝礼服吧，如图 6-36 所示。

图 6-36　多层蕾丝效果

自我测评:

　　◇ 临摹或者设计绘制两幅变化款的连衣裙或者婚纱礼服，并指出自己作品中的流行要点，如图 6-37 所示。

图 6-37　连衣裙款式变化

图6-37 连衣裙款式变化（续）

 我的收获：

在这部分我们学习到的工具与命令有：（此处列举本节学习的所有工具与命令）_____

_____

 我的疑惑：_____

_____

任务3 学习绘制服饰配件

身边事

美丽的婚纱少不了华丽的配饰来装点。艾芙用缎面或者纱网设计了有叠加效果的婚纱，如果再加上水钻装饰，简单的长款头纱上也撒满碎钻，希望营造时尚、简洁但又梦幻的效果。

小辞典

婚纱配饰

新娘的配饰主要有头饰、项链、耳环、内衣、新娘吊带袜、婚鞋等。新娘在准备婚礼前，除了要拥有一套完全属于自己的美丽婚纱外，还必须精心选择适合自己的配饰。如果新娘身穿纯白的礼服，戴一顶镶钻石、珍珠的王冠，配上钻石和珍珠的耳饰与项饰，穿着白色婚鞋，将是非常和谐而高贵的装扮。

任务目标 学习用水钻装饰一下这件婚纱。并设计绘制一条华丽的项链和婚纱礼服来做整体的搭配。

一、绘制水钻

水钻的画法并不难，所用工具也很少，关键是色彩的配置要协调。因为钻石的切割面较多，所以切面的明暗色彩也要区分清楚。

（1）打开工具箱中的"多边形工具"，在工具属性栏中设置多边形的边数为8，按住〈Ctrl〉键绘制一个正八边形，按住〈Shift〉键复制一个同心的较小的正八边形，如图6-38所示。

（2）用"手绘工具"绘制出第一个切面，注意要绘制为封闭的图形。双击这个图形，经切面的中心调整到与八边形的中心重合；执行"排列"菜单中的"变化"→"旋转"命令，在其泊坞窗中设置旋转角度为45度，单击"应用到再制"，再制7次，如图6-39和图6-40所示。

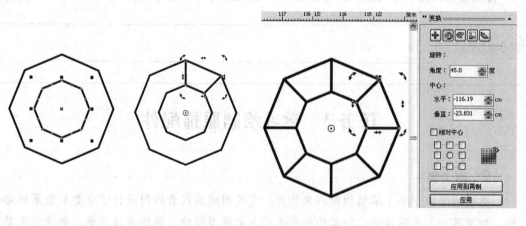

图6-38 绘制　　　图6-39 分割出　　　图6-40 用"旋转"泊坞窗复制切割面
水钻的八边形　　　水钻的切割面

（3）给各个切面填上相应的颜色，并去除所有的轮廓线。中间的小八边形填充为"方角式渐变填充"，其他各面填充为"线性渐变填充"，并在对话框中的自定义选项中调整色彩的过渡，如图 6-41 和图 6-42 所示。

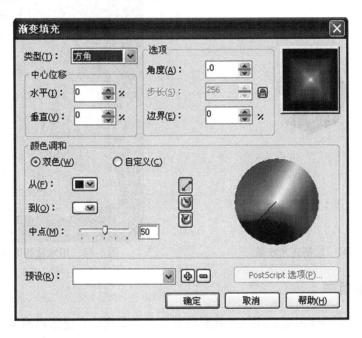

图 6-41　给中间的切割面填充闪亮效果

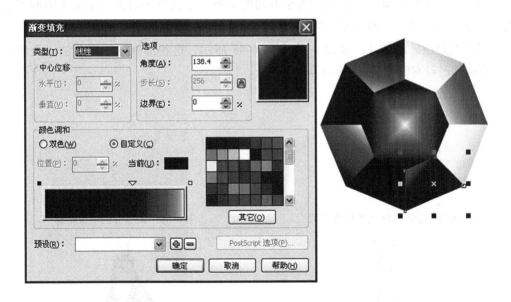

图 6-42　给外轮廓的 8 个切割面填充适当的渐变色彩

（4）用"星形工具"绘制高光效果，如图 6-43 所示。

（5）将绘制好的水钻，复制到画好的婚纱上进行装饰，如图 6-44 所示。

图 6-43　绘制高光效果

图 6-44　用水钻装饰的蕾丝

二、绘制项链

漂亮的婚纱离不开闪亮的项链，礼服项链是为出席重要社交活动时佩戴的，一般材质和工艺都很高档。

（1）用"手绘工具"绘制两个大小不同的圆形，使其顶端对齐，作为项链的基本轮廓线，如图 6-45 所示。继续调整基本轮廓到最理想形状，如图 6-46 所示。

（2）绘制项链的部件，如图 6-47 和图 6-48 所示，这些部件的绘制方法以及使用工具，在前面已经有所涉及，这里不再赘述。

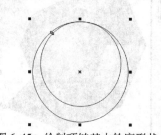

图 6-45　绘制项链基本轮廓形状

图 6-46　调整好的项链轮廓

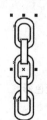

图 6-47　项链链条

图 6-48　项链坠

（3）将这些部件调整好大小，组合在一起，构成一件完整的饰品，如图 6-49 所示。钻石项链与婚纱如图 6-50 所示。

图 6-49　项链

图 6-50　钻石项链与婚纱

 自我测评：

◇ 设计绘制两幅婚纱礼服，并指出自己作品中的流行要点，如图 6-51 ~ 图 6-60 所示。

图 6-51　礼服（一）

图 6-52　礼服（二）

图 6-53 礼服（三）

图 6-54 礼服（四）

图 6-55 礼服（五）

图 6-56 礼服（六）

图 6-57　礼服（七）

图 6-58　礼服（八）

图 6-59　礼服（九）

图 6-60　礼服（十）

**我的收获：**

在这部分我们学习到的工具与命令有：（此处列举本节学习的所有工具与命令）_____

_____

**我的疑惑：** _____

_____

项目测评：

1. 自评内容：你能否按时、按要求完成婚纱的绘制、设计这一工作项目？
2. 当这一项目完成时，你能否灵活地使用学习过的设计软件中的各个工具和命令？
3. 展示内容：观赏完成的设计，能体现出当季的流行趋势吗？
4. 尝试将一些质感特殊的面料应用于设计中。
5. 用已经掌握的绘图工具和命令，设计一些简单的首饰，来对所设计的连衣裙礼服进行整体装扮。

身边事

艾芙用亲手设计制作的美丽的婚纱，为姐姐艾依送上了最好的祝福。有了艾芙这个小小的服装设计师，啦啦服装公司的产品研发部门也有了优秀的后备人才。在服装职业中学的这三年时光，艾芙不仅学会了关于服装的专业知识，同时也培养了她坚强的性格，细致的观察力，以及良好的团队合作能力。艾芙相信，她未来的服装创业之路会是一片光明。

参 考 文 献

［1］贺景卫，胡莉红，黄莹．数码服装设计与表现技法——CorelDRAW［M］．北京：高等教育出版社，2007.

［2］虞海平，罗春燕，许倩菁．CorelDRAW、Photoshop 女装设计［M］．北京：人民邮电出版社，2010.

教师服务信息表

尊敬的老师：

 您好！感谢您多年来对机械工业出版社的支持与厚爱！为了进一步提高我社教材的出版质量，更好地为职业教育的发展服务，欢迎您对我社的教材多提宝贵意见和建议。另外，如果您在教学中选用了《CorelDRAW 服装设计实例》（王蓓丽 陈艳编）一书。

一、基本信息

姓名：_____ 性别：_____ 职称：_____ 职务：_____

学校：_____ 系部：_____

地址：_____ 邮编：_____

任教课程：_____ 电话：_____ 手机：_____

电子邮件：_____ QQ：_____ MSN：_____

二、您对本书的意见及建议（欢迎您指出本书的疏误之处）

三、您近期的著书计划

请与我们联系：

北京市西城区百万庄大街 22 号（100037）机械工业出版社·技能教育分社 马晋（收）

Tel：010-88379079

Fax：010-68329397

E-mail：major86@163.com